나와 지구를 위한 조금 다른 식탁

베지테리언 레시피

PROLOGUE

내 몸을 위해, 지구를 위해

맛있는 음식을 먹는 일은 삶의 큰 즐거움 중 하나입니다. 그러나 즐거움에 집중하다 보니 매일 먹는 음식이 우리 몸에 미치는 영향, 지나치게 생산되는 식량이 지구에 입 히는 피해 등 정작 중요한 문제에 대해서는 소홀한 것 같습니다. 우리가 매일 먹는 음식이 어디서 어떻게 만들어지고 주변 환경에 어떤 영향을 미치는지, 그것들을 먹 으면 우리 몸에서 어떤 일이 일어나는지 일일이 나열하지 않아도, 음식이 우리 몸이 나 환경에 미치는 영향은 상상 이상입니다.

하지만 선택에 따라서는 건강 이상 같은 개인적인 고민은 물론, 전 세계에서 일어나 는 환경파괴 문제까지 충분히 개선할 수 있습니다. 음식의 선택은 그만큼 큰 힘을 가 지고 있습니다.

그렇다면 어떤 음식을 먹으면 될까요? 세상에는 여러 가지 식사법이 있지만 '이 방 법으로 매일 먹으면 늘 건강해'라고 할 수 있을 만큼 확실한 식사법은 없다고 생각합 니다. 몸은 사람마다 다르고, 같은 사람이어도 어제의 몸과 오늘의 몸이 달라 필요한 음식도 달라집니다. 무엇을 먹으면 좋은지 늘 스스로에게 묻고 선택하는 것이 자신 의 몸을 위한 일이고 환경을 위해서도 의미 있는 일일 겁니다.

이 책은 'Peaceful Cuisine'에 올린 요리 동영상 중에서 동물성 재료를 전혀 쓰지 않 는 채식 레시피만 모은 책입니다. 이 책에서 소개하는 음식이 '무엇을 먹을까'라는 물 음에 대한 답은 아닙니다. 우리 몸이 좋아하고 지구가 평화로울 수 있는 요리를 즐기 고 싶은 분들에게 도움이 되기를 바랍니다.

타카시마 료야

CONTENS

PART 01 BREAD AND GRAINS 빵과 밥

PART 02 SOUP AND SIDE DISHES 수프와 곁들이

이 책의 사용법

· 감미료와 식물성 기름은 개인의 입맛에 맞는 것을 사용하세요.

· 재료의 양은 기본량입니다. 입맛에 맞게 조절해도 좋습니다.

· 만드는 방법을 더 자세히 알고 싶으면 레시피 아래쪽 QR코드를 통해 동영상을 보세요. 요리 이름이나 재료 등이 조금 다를
  수 있지만, 만드는 방법을 꼼꼼히 보여줘 쉽게 이해됩니다.

· 유튜브 'Peaceful Cuisine'이나 요리 동영상 사이트 '비델리셔스'에서 저자의 더 많은 요리 동영상을 볼 수 있습니다.

Peaceful Cuisine   https://www.youtube.com/user/ryoya1983
비델리셔스   https://www.youtube.com/user/videliciousness

BREAD
AND
GRAINS

CHOCOLATE
MARBLE BREAD 초코 마블 식빵

12×12cm 1개분

강력분 400g	감미료 20g	미지근한 물 250~300mL
통밀강력분 100g	소금 1작은술(5g)	카카오가루 15g
코코넛 오일 20g	드라이 이스트 10g	

1 드라이 이스트를 미지근한 물에 풀어 카카오가루 외의 모든 재료와 섞어 반죽한 뒤, 한 덩어리로 뭉쳐 3:2로 나눈다.

2 작은 반죽에 카카오가루를 섞는다. 반죽이 너무 되면 물을 넣어 조절한다.

3 기본 반죽과 초콜릿 반죽을 각각 그릇에 담고 마르지 않게 비닐 랩으로 덮어 2배로 부풀어 오를 때까지 1차 발효시킨다.

4 기본 반죽은 세 덩어리로, 초콜릿 반죽은 두 덩어리로 나누어 둥글린다.

5 반죽을 밀대로 밀어 지름 15cm 정도로 편다. 기본 반죽과 초콜릿 반죽을 번갈아 쌓고 다시 밀대로 밀어 지름 30cm 정도로 둥글게 편다.

6 반죽을 돌돌 말아 평평해지게 누른 뒤, 칼로 3등분해 머리를 땋듯이 땋는다.

7 식빵 틀에 기름(분량 외)을 얇게 바르고 반죽을 담는다. 마르지 않게 비닐 랩으로 덮어 2배로 부풀어 오를 때까지 2차 발효시킨다.

8 180℃로 예열한 오븐에 35분 동안 굽는다.

··· 건강을 위해 통밀강력분을 섞었는데, 일반 강력분만으로 만들어도 되고, 통밀강력분의 비율을 높여도 됩니다. 코코넛 오일도 카카오 향과 잘 어울려서 썼지만, 다른 식물성 기름을 써도 괜찮습니다. 카카오가루 대신 가루녹차를 넣어도 맛있고요. 식빵은 간을 심심하게 합니다. 일반 빵처럼 만들고 싶으면 기름과 감미료의 비율을 늘리세요.

만드는 법 동영상 보기

VEGETABLE
CURRY BUNS 채소 카레빵

6개분

빵 반죽	소	
통밀강력분 100g	양파 200g	카레가루 2큰술
강력분 100g	감자 100g	소금 1½작은술
식물성 기름 10g	당근 80g	박력분 1½큰술
감미료 10g	피망 40g	식물성 기름 조금
소금 1/2작은술(3g)	마늘 1쪽	
드라이 이스트 1작은술(3g)	생강 조금	
미지근한 물 140mL	물 100mL	

1   마늘과 생강은 다지고, 다른 채소는 잘게 썬다.

2   달군 팬에 기름을 두르고 생강과 마늘을 볶는다. 향이 올라오면 다른 채소를 넣어 볶는다.

3   물을 조금(분량 외) 넣어 채소가 익을 때까지 찐다.

4   카레가루, 소금, 박력분을 물에 풀어 볶은 채소에 넣고 다시 볶는다. 걸쭉해지면 불을 끄고 식힌다.

5   빵 반죽 재료를 모두 섞어 반죽한 뒤, 마르지 않게 비닐 랩으로 덮어 2배로 부풀어 오를 때까지 1차 발효시킨다.

6   반죽을 6등분해 밀대로 둥글게 민다. 반죽에 ④의 소를 올리고 오므린다.

7   분무기로 물을 뿌리고 빵가루를 묻힌다. 이음매가 밑으로 가게 두어 조금 부풀어 오를 때까지 2차 발효시킨다.

8   180℃의 기름(분량 외)에 한 면당 2분씩 노릇노릇하게 튀긴다.

••• 건강을 생각한다면 오븐이나 오븐 토스터에 구워도 됩니다. 오일 스프레이로 기름을 살짝 뿌려서 구우면 표면이 마르지 않으면서 몸에 좋은 빵을 만들 수 있지요. 소에 콩이나 견과, 콩고기 등 씹는 맛이 좋은 재료를 넣어도 맛있습니다.

만드는 법 동영상 보기

SWEET RED BEAN BUNS 검은깨 단팥빵

6개분

빵 반죽	팥소	장식
통밀강력분 150g	팥 100g	검은깨 적당량
강력분 150g	설탕 80g	
식물성 기름 15g	검은깨 20g	
설탕 20g		
소금 1/2작은술(3g)		
드라이 이스트 3g		
미지근한 물 160mL		

1   팥을 물에 담가 하룻밤 불린 뒤 그대로 삶는다. 팥이 부드러워지면 설탕을 넣어 물이 거의 없어질 때까지 조린다.

2   드라이 이스트를 미지근한 물에 풀어 나머지 빵 반죽 재료와 섞어 반죽한다. 마르지 않게 비닐 랩으로 덮어 2배로 부풀어 오를 때까지 1차 발효시킨다.

3   팥소에 들어가는 검은깨를 팬에 향이 날 때까지 볶은 뒤, 절구에 갈아 ①에 섞는다.

4   반죽을 6등분해 밀가루를 조금(분량 외) 뿌리고 밀대로 밀어 둥글게 편다.

5   반죽에 ③의 팥소를 올리고 오므린다. 이음매가 밑으로 가게 두어 조금 부풀어 오를 때까지 2차 발효시킨다.

6   ⑤의 반죽에 장식용 검은깨를 뿌린 뒤, 쿠킹 시트를 덮고 평평한 오븐 팬을 올려 누른다.

7   180℃로 예열한 오븐에 20분 동안 굽는다.

•••   평평한 오븐 팬이 없으면 그대로 구워도 괜찮습니다. 둥글게 부풀어 오른 단팥빵이 되지요. 오븐에 따라 팬의 모양이 다양한데, 평평한 오븐 팬은 쓸모가 많이 없으면 따로 주문 제작해도 좋습니다. 스테인리스 제품과 동 제품을 가지고 있는데 둘 다 아주 편리합니다.

만드는 법 동영상 보기

PUMPKIN BUNS 단호박빵

8개분

빵 반죽
강력분 300g
단호박(껍질 부분) 50g
스피룰리나 가루 1작은술(선택)
감미료 10g
드라이 이스트 5g
미지근한 물 120mL
식물성 기름 15g
소금 1/2작은술(3g)

소
흰강낭콩 100g
단호박(살 부분) 200g
감미료 80g

장식
구운 호박씨 적당량

1 흰강낭콩을 물에 담가 하룻밤 불린 뒤 그대로 삶는다. 콩이 부드러워지면 감미료를 넣어 물기가 없어질 때까지 조린다.

2 단호박은 씨를 긁어내고 2~3cm 크기로 썰어 찐다. 껍질을 벗겨 껍질과 살을 따로 둔다.

3 껍질 벗긴 단호박과 ①의 콩을 푸드 프로세서로 갈아 풀 상태로 만든다.

4 단호박 껍질, 스피룰리나 가루, 감미료, 미지근한 물을 믹서에 넣어 간 뒤 드라이 이스트를 넣는다.

5 강력분에 식물성 기름, 소금, ④를 섞어 반죽한다. 마르지 않게 비닐 랩으로 덮어 2배로 부풀어 오를 때까지 1차 발효시킨다.

6 반죽을 8등분해 밀가루(분량 외)를 뿌리고 밀대로 밀어 지름 15cm 정도로 편다.

7 반죽에 ③의 소를 올리고 오므린다.

8 끈에 밀가루(분량 외)를 묻혀 반죽을 위아래로 8개의 선이 생기도록 느슨하게 감아 묶는다. 마르지 않게 비닐 랩으로 덮어 조금 부풀어 오를 때까지 20~30분 2차 발효시킨다.

9 160℃로 예열한 오븐에 20분 동안 구워, 끈을 풀고 호박씨를 올린다.

••• 끈을 반죽에 딱 맞게 감으면 2차 발효 때나 구울 때 반죽이 부풀면서 끈이 묻혀 떼어낼 때 빵이 부서집니다. 아주 느슨하게 감으세요. 스피룰리나 가루는 단호박 껍질 색을 내기 위해 넣는 거예요. 넣지 않아도 되고, 반대로 1큰술 정도 넣으면 녹색이 진해져 진짜 단호박 같은 느낌이 납니다.

만드는 법 동영상 보기

GREEN TEA & RED BEAN TWISTED BREAD 녹차 팥 트위스트 빵

6개분

빵 반죽
통밀강력분 250g
강력분 250g
식물성 기름 20g
감미료 20g
소금 3/4작은술(4g)
드라이 이스트 5g
미지근한 물 300~350mL
가루녹차 1큰술(8g)

팥조림
팥 100g
설탕 80g

1 냄비에 팥을 담고 물을 부어 끓인다. 끓어오르면 팥물을 따라 버리고 다시 물을 부어 끓이다가 물이 졸면 물을 더 붓는다. 팥이 익기 시작하면 설탕을 넣어 물기가 없어질 때까지 조린다.

2 드라이 이스트를 미지근한 물에 풀어 통밀강력분, 강력분, 식물성 기름, 감미료, 소금과 섞어 반죽한다.

3 반죽을 2등분해 한쪽에 가루녹차를 섞는다. 마르지 않게 비닐 랩으로 덮어 2배로 부풀어 오를 때까지 1차 발효시킨다.

4 반죽을 각각 2등분해 밀가루(분량 외)를 뿌리고 밀대로 밀어 직사각형으로 만든다.

5 반죽에 ①의 팥조림을 바르면서 기본 반죽, 팥조림, 녹차 반죽, 팥조림, 기본 반죽, 팥조림, 녹차 반죽 순서로 쌓는다.

6 겹친 반죽을 6~8등분해 각각 세로로 두 번 칼집을 내어 머리를 땋듯이 땋는다. 마르지 않게 비닐 랩으로 덮어 조금 부풀어 오를 때까지 2차 발효시킨다.

7 180℃로 예열한 오븐에 20분 동안 굽는다.

••• 팥조림은 너무 달지 않게 했습니다. 달콤하게 만들고 싶으면 감미료를 조금 더 넣으세요. 겹친 반죽을 가늘고 길게 땋아 동그랗게 만들어도 좋습니다. 팥조림 대신 대추야자, 사과, 호두 등으로 페이스트를 만들어 바르거나 빵 반죽에 가루녹차 대신 계핏가루를 넣는 등 다양하게 응용해보세요.

만드는 법 동영상 보기

APPLE
CINNAMON ROLL 애플 시나몬 롤

지름 18cm 1개분

빵 반죽	사과조림	토핑
강력분 300g	사과 200g	코코넛 플레이크 10g
식물성 기름 15g	흑설탕 30g	
감미료 15g	계핏가루 1작은술	
소금 1/2작은술(3g)	물 100mL	
드라이 이스트 5g	생 호두 50g	
미지근한 물 160mL	건포도 30g	

1   드라이 이스트를 미지근한 물에 풀어 나머지 빵 반죽 재료와 섞어 반죽한다. 마르지 않게 비닐 랩으로 덮어 2배로 부풀어 오를 때까지 1차 발효시킨다.

2   사과는 껍질을 벗기고 씨를 뺀 뒤 주사위 모양으로 썬다. 냄비에 담고 흑설탕, 계핏가루, 물을 넣어 물기가 없어질 때까지 약한 불로 조린다.

3   ②에 호두와 건포도를 넣어 섞는다.

4   반죽을 손바닥으로 가볍게 두드려 가스를 뺀 뒤 밀대로 밀어 직사각형으로 편다.

5   반죽에 ③의 사과조림을 펴 바르고 긴 쪽을 김밥 말듯이 돌돌 만다.

6   반죽을 6~7등분해 둥근 틀에 자른 면이 위로 가게 담는다. 마르지 않게 비닐 랩으로 덮어 2배로 부풀어 오를 때까지 2차 발효시킨다.

7   코코넛 플레이크를 골고루 뿌려 180℃로 예열한 오븐에 30분 동안 굽는다.

••• 반죽을 긴 틀에 일렬로 놓거나 머핀처럼 하나씩 구워도 좋습니다. 사과 대신 오렌지를 껍질까지 넣고 조려도 맛있는데, 오렌지와 궁합이 좋은 민트를 함께 넣으면 더 좋아요. 다만 오렌지는 사과보다 수분이 많으니 물의 양을 줄이세요. 대추야자를 조려 넣어도 맛있습니다.

만드는 법 동영상 보기

CHOCOLATE CHIP
MELON BREAD 초코 칩 멜론 빵

8개분

빵 반죽

강력분 250g   드라이 이스트 5g

멜론 150g   초코 칩 80g

식물성 기름 25g

설탕 25g

소금 1/2작은술(3g)

비스킷 반죽

박력분 140g

두유 40g

코코넛 오일 30g

설탕 50g

바닐라 에센스 1작은술

1   비스킷 반죽 재료를 모두 섞어 비닐 랩으로 싸서 냉장실에 30분 동안 넣어둔다.

2   멜론을 믹서로 간 뒤 드라이 이스트를 넣어 녹인다.

3   강력분에 식물성 기름, 설탕, 소금, ②의 멜론을 섞어 반죽한다. 마르지 않게 비닐 랩으로 덮어
    2배로 부풀어 오를 때까지 1차 발효시킨다.

4   ③의 빵 반죽을 8등분해 각각 초코 칩을 10g씩 섞어 둥글린다.

5   ①의 비스킷 반죽을 8등분해 둥글린다. 비닐 랩을 넓게 깔고 일정한 간격으로 반죽을 놓은 뒤
    비닐 랩을 씌운다.

6   비닐 랩 위에서 반죽을 하나하나 밀대로 얇고 동그랗게 민다.

7   비닐 랩을 벗기고 반죽에 ④의 반죽을 올려 감싼 뒤 윗면에 칼집을 넣는다. 마르지 않게 비닐 랩
    으로 덮어 2배로 부풀어 오를 때까지 2차 발효시킨다.

8   160℃로 예열한 오븐에 20분 동안 굽는다.

•••   빵 반죽에 멜론을 넣으면 발효시킬 때 반죽이 질어져서 모양을 예쁘게 만들기 어렵습니다.
       처음 할 때는 멜론 대신 미지근한 물을 쓰는 것이 쉬워요. 비스킷 반죽은 두께가 중요합니
       다. 너무 두꺼우면 2차 발효 때 빵 반죽이 부풀어 오르지 않고, 너무 얇으면 빵 반죽이 부풀
       면서 갈라집니다.

만드는 법 동영상 보기

VEGETABLE PIZZA 베지 피자

지름 30cm 2개분

빵 반죽
박력분 150g
강력분 150g
올리브오일 10g
감미료 3g
소금 1/2작은술(3g)
드라이 이스트 3g
미지근한 물 170mL

치즈
생 캐슈너트 60g
물 250mL
사과식초 1작은술(5g)
올리브오일 1큰술(10g)
소금 1/2작은술(3g)
타피오카 가루(또는 녹말가루) 2큰술(18g)

토핑
토마토 페이스트 4큰술
감자 200g
양송이버섯 4개
토마토 200g
소금·후춧가루 조금씩
올리브오일 적당량
바질 적당량

1 드라이 이스트를 미지근한 물에 풀어 잠시 두었다가 나머지 빵 반죽 재료와 섞어 반죽한다. 마르지 않게 비닐 랩으로 덮어 2배로 부풀어 오를 때까지 1차 발효시킨다.

2 치즈 재료를 모두 믹서에 넣고 갈아 걸쭉해질 때까지 약한 불로 졸인다.

3 감자, 양송이버섯, 토마토를 얇게 썬다.

4 ①의 반죽에 밀가루(분량 외)를 뿌리고 밀대로 밀어 얇고 동그랗게 편다.

5 반죽에 토마토 페이스트를 바르고 감자, 양송이버섯, 토마토, ②의 치즈를 얹는다. 소금, 후춧가루로 간을 하고 올리브오일을 뿌린다.

6 230℃로 예열한 오븐에 10분 동안 구운 뒤 바질을 올린다.

••• 빵 반죽은 중력분으로 해도 괜찮습니다. 치즈는 최대한 간단하게 만들었는데, 개성 있는 맛을 내고 싶다면 캐슈너트 분량의 20~30%를 잣이나 피스타치오, 헤이즐넛 등 다른 견과로 바꾸세요. 마늘 가루, 양파 가루, 말린 허브 등을 넣어도 좋아요. 타피오카 가루의 양을 조절하면 더 부드럽게 또는 더 쫄깃하게 만들 수 있습니다.

만드는 법 동영상 보기

KABULI NAAN 카불리 난

3장분

빵 반죽	대추야자 페이스트
강력분 300g	대추야자 120g
통밀강력분 200g	생 견과류 120g
식물성 기름 20g	코코넛 플레이크 60g
감미료 20g	계핏가루 1작은술
소금 1작은술(5g)	물 50~100mL
드라이 이스트 5g	
미지근한 물 320mL	

1   드라이 이스트를 미지근한 물에 풀어 잠시 두었다가 빵 반죽 재료와 섞어 반죽한다. 마르지 않게 비닐 랩으로 덮어 2배로 부풀어 오를 때까지 1차 발효시킨다.

2   대추야자, 견과류, 코코넛 플레이크, 계핏가루를 푸드 프로세서에 넣어 간다. 물을 조금씩 넣어 페이스트 상태로 만든다.

3   ①의 반죽을 6등분해 밀가루(분량 외)를 뿌리고 밀대로 밀어 두께 5mm 정도로 동그랗게 편다.

4   반죽에 ②의 페이스트를 얇게 바르고 다른 반죽으로 덮는다. 위 반죽과 아래 반죽이 떨어지지 않게 가장자리를 누르고, 꼬챙이로 여러 군데 찔러 구멍을 낸다.

5   달군 팬에 한 면당 2~3분씩 굽는다.

••• 인도 음식점에서 파는 카불리 난은 너무 달아서 달지 않게 만들었습니다. 대추야자는 그대로 먹어도 맛있고, 달콤한 페이스트를 만들 때 넣어도 좋습니다. 중동 지역에서는 말리지 않은 신선한 대추야자도 많이 팔고 있으니, 그쪽에 갈 일이 있으면 한번 드셔보세요.

만드는 법 동영상 보기

OATMEAL 오트밀

1인분

납작귀리 80g
두유 200g
바나나 1개
카카오 닙스 1큰술
구기자 1큰술

1   납작귀리와 두유를 냄비에 담아 약한 불로 타지 않게 저으면서 끓인다.

2   그릇에 담고 동글게 썬 바나나, 카카오 닙스, 구기자를 올린다.

• • •   거의 매일 아침에 이 오트밀을 먹는데, 종종 두유 대신 너트밀크를 넣기도 합니다. 캐슈너트
20g, 아몬드 10g, 물 300mL를 믹서로 갈아 너트밀크를 만든 다음, 찌꺼기까지 남기지 않고
오트밀과 함께 끓이세요. 캐슈너트나 아몬드 말고 다른 견과를 써도 되지만, 남김없이 다 넣
으려면 캐슈너트를 쓰는 것이 부드러워요. 토핑도 가을과 겨울에는 바나나 대신 사과를 올
리고, 카카오 닙스와 구기자를 빼기도 합니다.

만드는 법 동영상 보기

STEAMED
GLUTINOUS RICE
WITH VEGETABLES 채소 모둠 찰밥

지름 20cm 찜통 1개분

찹쌀 450g	마른 표고버섯 8g	양념
	물 200mL	청주 2큰술
	마른 톳 5g	간장 1큰술
	당근 50g	소금 1/2작은술
	우엉 50g	물 100mL
	생 호두 40g	
	맛술 2큰술	
	간장 1큰술	
	소금 1/4작은술	

1 찹쌀을 6~12시간 정도 물에 담가둔다.

2 마른 표고버섯은 200mL의 물에, 마른 톳은 적은 양의 물(분량 외)에 담가 10분 정도 불린다. 충분히 불면 톳만 물기를 뺀다. 당근과 우엉은 채 썰고, 호두는 굵게 다진다.

3 불린 표고버섯과 불린 물, 건져둔 톳, 당근, 우엉, 맛술, 간장, 소금을 팬에 넣어 국물이 없어질 때까지 조린다.

4 양념 재료를 모두 냄비에 넣어 끓인다. 끓어오르면 불을 끈다.

5 다른 냄비에 물을 끓인다. 나무찜통에 면 보자기를 깔고 찹쌀을 담아 물이 끓는 냄비 위에 올려 10분 동안 찐다.

6 찐 찹쌀을 그릇에 옮겨 담고 ③과 ④, 다진 호두를 넣어 가볍게 섞는다.

7 ⑥을 나무찜통에 다시 담아 15분 동안 찐다. 쟁반에 펴서 조금 식힌다.

••• 노송으로 만든 중국 요리용 나무찜통으로 찹쌀을 찌면 향이 아주 좋은 찰밥이 됩니다. 찌는 중에도 집 안에 향이 가득해 행복해지지요. 제대로 관리하면 오랫동안 쓸 수 있으니 한번 써 보세요. 찹쌀은 현미찹쌀을 사서 그때그때 가정용 도정기로 필요한 만큼씩 도정해 먹고 있습니다. 쌀은 도정하면 빠르게 산화되기 때문에 가정용 도정기를 장만하면 좋습니다.

만드는 법 동영상 보기

SPICY
THAI FRIED RICE 타이식 볶음밥

2인분

재스민 쌀 300g

코코넛 밀크 100g

물 260mL

—

재스민 쌀 길쭉한 모양의
타이 쌀로 부드럽고 끈기
가 적으며 재스민 향이
난다.

양파 100g

껍질콩 100g

땅콩 80g

마늘 1쪽

바질 적당량

고수 잎 적당량

고추 1개

식물성 기름 2큰술

간장 3큰술

소금 1/2작은술

후춧가루 조금

1 재스민 쌀, 코코넛 밀크, 물을 섞어 약한 불로 15분 동안 밥을 짓는다.

2 양파는 얇게 썰고, 껍질콩은 큼직하게 썰고, 마늘과 고추는 다진다. 땅콩과 바질, 고수 잎은 굵게 다진다.

3 냄비에 기름을 두르고 달궈 마늘과 양파를 볶다가 껍질콩, 땅콩, 바질, 고추를 넣어 더 볶는다.

4 ③에 ①의 밥, 간장, 소금, 후춧가루를 넣어 볶는다. 불을 끄기 전에 고수 잎을 넣어 섞는다.

••• 외국에 가면 타이 음식점에 자주 갑니다. 대부분 모든 메뉴를 육류나 어패류 대신 두부 등을
써서 채식주의자가 좋아하는 스타일로 바꿔주기 때문이에요. 메뉴에 'vegetable'이나 'tofu'
등이 씌어있어 선택할 수 있지요. 이 레시피는 코코넛 밀크로 밥을 짓지만, 물로 지어도 충
분히 맛있습니다. 일반 쌀을 써도 되는데, 재스민 쌀의 향을 고려한 레시피이니 재스민 쌀로
만들기를 권합니다.

만드는 법 동영상 보기

VEGETABLE
SUSHI ROLLS 채소 김초밥

2~3줄분

초밥	두유마요네즈	소
쌀 300g	두유 80g	삶은 콩 200g
물 400mL	식물성 기름 100g	오이 1개
쌀식초 50mL	식초 8g	당근 1개
감미료 10g	머스터드 8g	통깨 적당량
소금 3/4작은술(4g)	감미료 8g	김 2~3장
	소금 1작은술(5g)	무순 적당량

1   쌀과 물로 밥을 짓는다.

2   쌀식초, 감미료, 소금을 섞어 밥에 넣고 섞는다.

3   두유마요네즈 재료를 모두 막서에 넣어 간다.

4   삶은 콩을 굵게 다져 ③의 두유마요네즈와 섞는다.

5   오이는 세로로 길게 썰고, 당근은 가늘게 채 썬다.

6   김발에 김을 깔고 ②의 초밥을 얇게 편 뒤, 통깨를 고루 뿌리고 전체에 비닐 랩을 덮는다. 그 위에 다른 김발을 올려 뒤집는다.

7   위에 있는 김발을 떼고 ④의 콩, 오이, 당근을 올려 비닐 랩이 말려 들어가지 않게 조심해서 만다.

8   먹기 좋게 썰어 무순을 올린다.

•••   시중에서 두유마요네즈를 구할 수 있지만, 집에서도 간단하게 만들 수 있습니다. 이때 향이 연한 기름을 써야 마요네즈의 맛을 제대로 느낄 수 있어요. 김밥에 들어가는 재료는 입맛에 맞게 바꿔도 됩니다. 개인적으로는 캘리포니아 롤처럼 아보카도 넣는 것을 좋아합니다.

만드는 법 동영상 보기

FRIED RICE
WITH CORN
AND PERILLA LEAF 옥수수 깻잎 볶음밥

옥수수 깻잎 볶음밥

2인분

쌀 300g
물 360mL
양파 100g
옥수수 100g
깻잎 10장
참기름 2큰술
소금 1작은술
후춧가루 조금

1 쌀과 물로 밥을 짓는다.

2 양파와 깻잎을 잘게 썬다.

3 달군 팬에 참기름을 두르고 양파와 옥수수를 볶는다. 소금과 후춧가루로 간을 한다.

4 ③에 밥과 잘게 썬 깻잎을 넣어 볶는다.

• • • 옥수수는 통조림을 쓸 수도 있지만, 제철에 수확한 옥수수의 맛을 이길 수는 없지요. 신선한
옥수수가 나는 계절에 꼭 한번 만들어보세요. 볶음밥은 쌀 대신 퀴노아로 만들어도 맛있습
니다. 요즘은 구하기도 쉬우니 쌀과 반반씩 섞는 등 그날의 기분에 따라 변화를 주세요.

만드는 법 동영상 보기

MUSHROOM
RISOTTO 버섯 리소토

4인분

쌀 300g	좋아하는 버섯 200g	화이트 와인 100mL
마른 표고버섯 10g	양파 150g	소금 2작은술
물 800mL	마늘 1쪽	흰 후춧가루 적당량
	코코넛 오일 1큰술	
	올리브오일 1큰술	

1 적당히 자른 마른 표고버섯과 쌀을 물에 30분 정도 담가둔다.

2 다른 버섯은 먹기 좋게 썰고, 양파는 굵게 다지고, 마늘은 잘게 다진다.

3 냄비에 코코넛 오일과 올리브오일을 두르고 달궈 마늘을 볶는다. 향이 올라오면 양파와 버섯을
   넣어 볶는다.

4 불린 쌀과 표고버섯을 넣어 더 볶는다. 쌀이 투명해지면 화이트 와인을 넣어 한소끔 끓인다.

5 쌀과 표고버섯 불린 물을 붓고 뚜껑을 닫아 약한 불로 조린다.

6 불을 끄고 소금과 흰 후춧가루로 간을 해 섞는다.

••• 치즈나 버터를 넣지 않아 아무래도 맛이 담백하지만, 코코넛 오일이 들어가 풍미가 있습니
    다. 더 풍성한 맛을 내고 싶다면 구운 견과나 잣 등을 넣어보세요. 허브를 넣어도 좋고요. 쌀
    분량의 10~20% 차조나 차수수를 섞어도 차지고 맛있습니다. 흔치 않지만 비건 치즈를 이용
    하는 것도 좋습니다.

만드는 법 동영상 보기

SOUP

AND

SIDE DISHES

수프와 곁들이

PAN-FRIED
DUMPLINGS 군만두

15개분

만두피	만두소	
통밀박력분 100g	다진 콩고기 50g	간장 2큰술
물 50~60mL	대파 50g	맛술 1큰술
	양배추 50g	참기름 1큰술
	마늘 1쪽	흰 후춧가루 조금
	생강 1쪽	

1 콩고기를 삶아 물기를 꼭 짠다.

2 대파는 잘게 썰고, 양배추는 굵게 다진다. 마늘과 생강은 간다.

3 ①과 ②, 나머지 만두소 재료를 모두 섞는다.

4 통밀박력분에 물을 넣고 반죽해 10g씩 나눈다.

5 ④의 반죽에 밀가루(분량 외)를 뿌리고 밀대로 동그랗게 민다.

6 ⑤의 만두피에 ③의 만두소를 올리고 오므린다.

7 기름 1큰술(분량 외)을 두른 팬에 만두를 넣고 물 100mL(분량 외)를 부은 뒤, 뚜껑을 덮어 중불
　로 4~5분 동안 찐다.

8 뚜껑을 열어 물기가 없어질 때까지 굽는다.

••• 만두피는 일반 박력분으로 반죽해도 됩니다. 만두피를 동그랗게 밀거나 만두를 빚는 일은
　처음에 잘 못할 수도 있지만, 요령을 알면 예쁘게 만들 수 있으니 도전해보세요. 팬에 굽지
　않고 끓는 물에 삶거나 시원한 채소국물로 만둣국을 끓여도 맛있습니다.

만드는 법 동영상 보기

VEGETABLE
QUICHE 채소 키시

지름 24cm 1개분

크러스트	필링	
통밀박력분 240g	양파 100g	두부 300g
물 120mL	감자 100g	올리브 30g
올리브오일 20g	양송이버섯 50g	소금 1작은술
소금 조금	시금치 50g	머스터드 2작은술
	코코넛 오일 2큰술	

1 크러스트 재료를 모두 섞어 가볍게 반죽한다. 타르트 틀에 얇게 펴고 군데군데 포크로 콕콕 찍어 구멍을 낸다.

2 180℃로 예열한 오븐에 10분 동안 굽는다.

3 양파, 감자, 양송이버섯은 도톰하게 썰고, 시금치는 2~3cm 길이로 썬다.

4 달군 팬에 코코넛 오일을 두르고 양파, 감자, 양송이버섯, 시금치를 볶는다.

5 두부를 으깨어 올리브, 소금, 머스터드, ④와 섞는다.

6 구운 크러스트에 ⑤의 필링을 빈틈없이 담아 180℃로 예열한 오븐에 30~40분 동안 굽는다.

••• 두부가 기본인 담백한 레시피입니다. 더 진한 맛을 내고 싶으면 필링에 두유마요네즈를 넣거나, 두부를 조금 줄이고 캐슈너트처럼 지방이 많고 부드러운 재료를 넣으세요. 캐슈너트는 페이스트 상태로 갈아서 쓰시고요. 키시는 손님상에 내도 환영받는 요리입니다.

만드는 법 동영상 보기

SORGHUM
HAMBURG STEAK 수수 햄버그스테이크

10개분

수수 200g	빵가루 50g
물 200mL	식물성 기름 1큰술
양파 150g	후춧가루 조금
좋아하는 버섯 100g	밀가루 조금
미소(일본 된장) 1큰술	

1 수수를 하룻밤 물에 담가두었다가 냄비에 담고 새 물 200mL를 부어 끓인다. 끓어오르면 뚜껑을 덮어 약한 불로 15분 동안 익힌다.

2 양파는 채 썰고, 버섯은 먹기 좋게 찢는다.

3 팬에 기름을 두르고 양파를 볶다가, 어느 정도 익으면 버섯을 넣어 숨이 죽을 때까지 볶는다.

4 ③을 푸드 프로세서에 넣어 잘게 다진다.

5 ①의 수수에 ④와 미소, 빵가루, 후춧가루를 넣고 섞어 둥글넓적하게 빚는다.

6 양면에 밀가루를 묻혀 기름(분량 외) 두른 팬에 굽는다.

••• 알갱이가 큰 수수를 적은 물로 익히면 씹는 맛이 살아 있고 끈기도 있어 햄버그스테이크를 만들기 좋습니다. 볶은 양파와 버섯의 궁합도 훌륭하고요. 간 무나 송송 썬 쪽파를 넣은 간장에 찍어 먹어도 좋고, 아보카도나 구운 채소, 두유마요네즈와 함께 부드러운 번에 끼워 햄버거를 만들어 먹어도 맛있습니다.

만드는 법 동영상 보기

ETHIOPIAN HUMMUS 에티오피안 후무스

4인분

병아리콩 200g
생 해바라기씨 80g
마늘 2쪽
레몬즙 3큰술
레몬 껍질 1작은술
할라피뇨 적당량(기호에 따라)
올리브오일 2큰술
소금 1작은술

베르베르 스파이스
고춧가루 2큰술
파프리카 가루 2큰술
고수 씨 1작은술
생강 1/2작은술
페누그릭 1/2작은술
카르다몸 1/2작은술
너트멕 1/2작은술

올스파이스 1/2작은술
정향 1/4작은술
소금 1작은술

—
페누그릭 인도 요리에 많이 쓰는 향신료로 쌉쌀한 맛과 독특한 향이 난다.

1 병아리콩을 하룻밤 물에 담가두었다가 압력솥에 담고 새 물을 부어 5분 정도 익힌다.

2 너트멕 외의 베르베르 스파이스 재료를 푸드 프로세서로 간 뒤, 너트멕을 그레이터로 깎아 넣는다.

3 생 해바라기씨를 팬에 볶는다.

4 베르베르 스파이스 1~2작은술과 모든 재료를 푸드 프로세서에 넣고 갈아 페이스트 상태로 만든다.

••• 일반적인 후무스는 병아리콩에 타히니(참깨 페이스트)를 넣어 만들지만, 에티오피안 후무스는 타히니 대신 해바라기씨와 여러 가지 향신료를 섞은 베르베르 스파이스를 넣어 만듭니다. 에티오피아 음식점에서 피타 빵 대신 감자를 두껍게 슬라이스해 튀긴 포테이토칩과 함께 먹었는데 아주 맛있었어요.

만드는 법 동영상 보기

BABA GANOUSH 바바 가누시

4인분

가지 500g	레몬즙 1~2큰술
타히니 50g	소금 1/2작은술
마늘 1쪽	쿠민 가루 조금
파슬리 10g	올리브오일 적당량(기호에 따라)

타히니 참깨를 곱게 갈아 만든 페이스트로 중동, 아프리카 북부, 지중해
연안 등의 지역에서 많이 먹는다.

1   가지는 껍질에 칼집을 얕게 넣어 180℃로 예열한 오븐에 45분 동안 구운 뒤, 숟가락으로 속을
    긁어낸다.

2   마늘과 파슬리는 다진다.

3   ①의 가지에 타히니, 다진 마늘, 레몬즙, 소금, 쿠민 가루를 넣고 가지를 으깨면서 섞은 뒤,
    다진 파슬리를 넣어 섞는다.

4   그릇에 담아 올리브오일을 뿌린다.

••• 이집트에 갔을 때 거의 매일 먹었던 음식입니다. 보통 '에이시'라고 하는 둥글고 납작한 빵에
듬뿍 발라 먹지요. 에이시는 이집트에서 잘 먹는 빵으로 겉은 바삭하고 안은 쫀득쫀득해 아
주 맛있어요. 가지를 직화로 구우면 훨씬 풍미가 깊습니다.

만드는 법 동영상 보기

SAMOSA WITH
MINT CHUTNEY 사모사와 민트 처트니

6개분

사모사 피
통밀강력분 200g
물 100mL
식물성 기름 30g
소금 1/4작은술

사모사 소
감자 300g
양파 100g
꽈리고추 30g
풋고추 1/2개
식물성 기름 1큰술
회향 씨 · 쿠민 씨 · 고수 씨 1작은술씩
강황 가루 1/2작은술
소금 1/2작은술

민트 처트니
민트 20g
고수 잎 20g
마늘 1쪽
생강 조금
풋고추 1/2개
레몬즙 1큰술
물 1~2큰술
소금 1/2작은술

1 사모사 피 재료를 모두 섞어 가볍게 반죽한 뒤 한 덩어리로 뭉친다.

2 감자는 큼직하게 썰어 찐다.

3 양파와 꽈리고추는 채 썰고, 풋고추는 잘게 썬다.

4 달군 팬에 기름을 두르고 회향 씨, 쿠민 씨, 고수 씨를 살짝 볶는다.
   향이 나면 꽈리고추, 소금, 강황 가루를 넣어 볶다가 양파, 풋고추,
   감자를 넣어 더 볶는다. 다 익으면 불을 끄고 감자를 조금 으깬다.

5 ①의 반죽을 5등분해 밀가루(분량 외)를 뿌리고 밀대로 밀어 타원형
   으로 편다. 반죽을 반 잘라 각각 고깔 모양으로 만든다.

6 고깔 모양의 반죽에 ④의 소를 넣고 아물린다. 이음매가 떨어지지
   않게 포크로 살짝 누른다.

7 민트 처트니 재료를 모두 믹서에 넣어 페이스트 상태로 간다.

8 ⑥의 사모사를 기름(분량 외)에 노릇하게 튀긴다.

●●● 인도 음식점에 가면 카레와 난, 튀긴 음식까지 먹고 배가 부른데도 꼭 사모사를 주문하게 됩니다. 이때 민트 처
트니가 같이 나오면 행복해지지요. 민트 처트니는 만드는 사람에 따라 맛이 조금씩 다르긴 하지만, 허브 향과
고추의 매운맛, 짠맛의 균형이 아주 좋습니다. 취향에 맞는 처트니를 만들어보세요.

만드는 법 동영상 보기

FALAFEL 팔라펠

15~20개분

병아리콩 250g
양파 100g
마늘 2쪽
파슬리 20g
고수 가루 2작은술
쿠민 가루 2작은술
베이킹파우더 1/2작은술
소금 1/2작은술
후춧가루 1/3작은술

1   병아리콩을 하룻밤 물에 담가두었다가 물기를 빼고 푸드 프로세서로 간다.

2   양파, 마늘, 파슬리를 푸드 프로세서에 넣어 간다.

3   ①과 ②를 섞은 뒤 고수 가루, 쿠민 가루, 베이킹파우더, 소금, 후춧가루를 넣어 섞는다.

4   적당한 크기로 동글동글하게 빚어 180℃의 기름(분량 외)에 노릇하게 튀긴다.

••• 팔라펠은 병아리콩으로 만든 크로켓인데, 만드는 방법이 어렵지 않아 집에서 만들어 먹기
     좋습니다. 보통 토마토나 양상추, 양배추 등의 채소와 함께 피타 빵에 넣고 타히니(참깨 페
     이스트) 소스와 칠리소스를 곁들여 먹습니다.

만드는 법 동영상 보기

GARBANZO TOFU 병아리콩 두부

4인분

병아리콩 200g
물 600mL

1   병아리콩을 하룻밤 물에 담가두었다가 체에 밭쳐 물기를 뺀다. 물 600mL와 함께 믹서에 넣어
부드럽게 간다.

2   ①을 면 주머니에 담아 물기를 짠다.

3   ②에서 짠 물을 냄비에 담아 눌어붙지 않게 저어가면서 약한 불로 걸쭉해질 때까지 졸인다.

4   ③을 그릇에 담아 실온에서 1시간 정도 굳힌다.

••• 두부와 만드는 방법이 다르지만 맛과 질감은 아주 비슷합니다. 일반 두부보다 연두부에 가
깝고 병아리콩 맛이 나면서 탄력이 조금 있는데, 생강간장 등을 곁들여 먹으면 정말 맛있지
요. 물 600mL 중 100mL 정도 남겨두었다가 간 콩을 면 주머니에 옮길 때 믹서에 남은 콩을
헹궈내면 좋습니다.

만드는 법 동영상 보기

GREEN BEANS
WITH MISO
AND PEANUT 껍질콩 땅콩미소소스 무침

4인분

껍질콩 220g
양송이버섯 50g
생 캐슈너트 40g
식물성 기름 2큰술

땅콩미소소스
땅콩버터 30g
미소(일본 된장) 30g
물 40mL
발사믹 식초 1작은술

1   껍질콩과 양송이버섯을 먹기 좋게 썬다.

2   팬에 기름을 두르고 달궈 껍질콩, 양송이버섯, 캐슈너트를 볶는다.

3   땅콩버터, 미소, 물, 발사믹 식초를 섞는다.

4   ③의 소스를 ②에 넣어 버무린다.

••• 레시피가 매우 간단하면서 다양하게 응용할 수 있습니다. 입맛에 맞춰 재료를 바꿔 만들어보세요. 마른고추를 넣어 맵게 만들어도 되고, 유자 껍질을 넣어도 상쾌하고 맛있어요. 흰 미소를 써서 단맛을 더 내도 좋고요. 껍질콩이 익는 데 시간이 걸리므로 물을 조금 넣고 뚜껑을 닫아 쪄도 좋습니다.

KIMCHI 배추김치

약 2kg분

배추 2.5kg	생강 30g
소금 150g	다시마 5g
무 250g	고춧가루 150g
사과 100g	감미료 50g
부추 30g	찹쌀가루 20g
마늘 30g	물 200mL

1 배추를 세로로 4등분해 잎 사이사이에 소금을 뿌려 절인다.

2 물기가 배어 나오고 배추의 숨이 죽으면 물로 씻어 물기를 뺀다.

3 무는 채 썰고, 부추는 2~3cm 길이로 썰고, 다시마는 5cm 길이로 가늘게 자른다. 마늘과 생강은 갈고, 사과는 껍질을 벗겨 간다.

4 물과 찹쌀가루를 냄비에 담아 풀을 쑨다.

5 ③을 한데 담고 감미료와 고춧가루를 넣어 가볍게 섞은 뒤 ④의 풀을 넣어 섞는다.

6 배추 잎 사이사이에 ⑤의 소를 골고루 발라 밀폐용기에 담는다. 상온에 하루 동안 두었다가 냉장실에 보관한다.

••• 김치는 반찬으로 먹어도 맛있지만, 덮밥이나 국수를 만들어도 좋고, 찌개나 전골에 넣어도 맛있습니다. 다양한 요리에 쓸 수 있어 많이 담가도 금방 없어지지요. 사과 대신 배를 넣어도 되고, 당근을 채 썰어 넣어도 잘 어울립니다.

만드는 법 동영상 보기

CHANA MASALA 차나 마살라

4인분

병아리콩 200g
토마토 400g
양파 400g
마늘 1쪽
식물성 기름 4큰술
막대 계피 작은 것 1개
쿠민 씨 2큰술

고수 씨 1큰술
카르다몸 5개
정향 5개
가람 마살라 2작은술
고추 적당량
소금 1작은술

———
가람 마살라 인도 요리에 많
이 쓰는 혼합 향신료.

1 병아리콩을 하룻밤 물에 담가두었다가 압력솥에 담고 새 물을 부어 10분
   동안 부드럽게 익힌다. 냄비에 삶을 경우에는 1시간 정도 삶는다.

2 양파는 얇게 썰고, 마늘은 다진다. 토마토는 큼직하게 썬다.

3 냄비에 기름을 두르고 달궈 막대 계피, 쿠민 씨, 고수 씨, 카르다몸, 정향을
   볶는다. 향이 올라오면 양파와 마늘을 넣어 노릇해질 때까지 더 볶는다.

4 ③에 토마토, 병아리콩, 가람 마살라, 고추, 소금을 넣어 물기가 없어질 때까
   지 조린다.

••• 차나 마살라는 병아리콩이 듬뿍 들어간 커리입니다. 향신료를 많이 넣는데 쿠민 씨, 고수
씨, 카르다몸, 정향은 가루를 써도 괜찮습니다. 맛이나 향이 조금 달라지겠지만 카레가루를
써도 되고요, 토마토는 홀 토마토를 써도 좋습니다. 홀 토마토는 이미 조린 것이어서 맛이
진해지지만 나름대로 맛있어요.

만드는 법 동영상 보기

GREEN CURRY 그린 커리

2인분

가지 200g	**그린 커리 페이스트**
껍질콩 60g	풋고추 10개
만가닥버섯 60g	양파 50g
튀긴 두부 200g	마늘 4쪽
코코넛 밀크 400mL	생강 5g
팜 슈거(또는 설탕) 1큰술	고수 씨 1/2작은술
간장 2큰술	쿠민 씨 1/2작은술
식초 1작은술	고수 10g
물 200mL	라임 잎 5~6장
	소금 1작은술

1 풋고추의 씨를 뺀다. 맵게 만들고 싶으면 씨를 적당히 남겨둔다. 라임 잎은 단단한 줄기를 잘라 낸다.

2 그린 커리 페이스트 재료를 믹서에 넣어 간다.

3 가지, 껍질콩, 튀긴 두부를 먹기 좋게 썰고, 만가닥버섯도 찢는다.

4 냄비에 ②의 페이스트와 코코넛 밀크를 넣어 중불로 끓인다.

5 ④에 팜 슈거, 간장, 식초, 물, 채소, 버섯, 튀긴 두부를 넣어 약한 불로 조린다.

••• 그린 커리 페이스트에 신선한 레몬그라스를 한두 줄기 넣으면 맛이 상쾌합니니다. 이 레시 피는 대신 식초를 넣는데, 레몬그라스를 넣을 경우에는 식초를 넣지 않아도 됩니다. 매운 맛 을 좋아하면 풋고추를 더 넣거나 씨를 넣으세요. 팜 슈거 대신 설탕을 넣으려면 설탕이 더 다니까 양을 조금 줄이세요.

만드는 법 동영상 보기

CARROT & TOMATO
POTAGE 당근 토마토 포타주

4인분

당근 200g	올리브오일 1큰술
홀 토마토 200g	두유 400g
양파 150g	소금 1작은술
마늘 1쪽	바질 가루 조금

1   당근은 1cm 크기로 깍둑썰기 하고, 양파는 얇게 썰고, 마늘은 다진다.

2   팬에 올리브오일을 두르고 달궈 양파와 마늘을 볶는다.

3   양파가 익으면 당근과 홀 토마토를 넣고 뚜껑을 덮어 당근이 부드러워질 때까지 약한 불로 끓인다.

4   ③에 두유와 소금을 넣고 핸드믹서로 부드럽게 간다.

5   그릇에 담아 바질 가루를 뿌린다.

••• 당근과 토마토는 맛의 궁합이 아주 좋습니다. 우선 레시피대로 만들어보고 좋아하는 채소로 바꿔보세요. 채소에 따라 올리브오일보다 향이 약한 기름이 맞을 수도 있고, 두유보다 향이 강한 너트밀크가 더 잘 어울릴 수도 있으니 여러 가지로 시도해보세요.

만드는 법 동영상 보기

BIJI DUMPLING
SOUP 일본식 비지경단 수프

4인분

비지경단	수프	
비지곤약 300g	양파 100g	간장 2큰술
연근 200g	표고버섯 60g	참기름 1큰술
소금 1/2작은술	물 1L	소금 1/2작은술
쌀가루 80g	미역 30g	

1   비지곤약은 푸드 프로세서로 잘게 썰고, 연근은 믹서로 간다.

2   ①의 비지곤약과 연근, 소금을 섞는다.

3   ②를 냄비에 담아 불에 올리고, 물기가 없어지면 쌀가루를 넣어 섞는다.

4   양파와 표고버섯을 얇게 썰어 물 1L를 붓고 끓인다.

5   ③을 둥글둥글하게 빚어 ④에 넣고 미역, 간장, 참기름, 소금을 넣어 3분 정도 끓인다.

••• 비지곤약은 고기 대신 쓸 수 있는 일본 식재료입니다. 간장으로 간을 하고 녹말가루를 입혀 튀기면 맛과 영양이 고기 못지않지요. 밥과 함께 먹어도 맛있고 빵에 넣어 샌드위치를 만들어 먹어도 좋습니다. 연근은 곱게 갈아서 열을 가하면 끈기가 생겨 재료들이 잘 엉기게 합니다. 다른 요리에도 활용해보세요.

만드는 법 동영상 보기

LENTIL SOUP 렌틸콩 수프

2인분

양파 200g	렌틸콩 200g
셀러리 100g	홀 토마토 400g
당근 100g	물 800mL
마늘 1쪽	소금 2~3작은술
올리브오일 30g	후춧가루 적당량

1   양파와 셀러리는 굵게 다지고, 당근은 1cm 크기로 깍둑썰기 하고, 마늘은 다진다.

2   냄비에 올리브오일을 두르고 달궈 양파와 마늘을 볶는다.

3   셀러리, 당근, 렌틸콩, 홀 토마토, 물을 넣어 15분 정도 조린다.

4   소금, 후춧가루로 간을 한다.

••• 렌틸콩은 여러 종류가 있습니다. 빨간색 렌틸콩은 매우 부드러워서 조금만 익혀도 뭉개져 수프를 끓이면 걸쭉해지고, 초록색 렌틸콩은 장시간 삶아도 모양이 그대로 살아있어 먹을 때 콩특유의 씹는 맛을 즐길 수 있지요. 맛도 달라서 어떤 음식을 만드느냐에 따라 구분해 쓰는 것이 좋습니다. 렌틸콩 수프는 넉넉하게 만들어 냉동해두고 데워 먹어도 좋아요.

만드는 법 동영상 보기

CELLOPHANE NOODLES
SOUP 에스닉풍 당면 수프

4~6인분

당면 60g	간장 2큰술
언두부 1모	물 1L
양파 200g	코코넛 밀크 400g
당근 50g	고수 적당량
만가닥버섯 50g	바질 적당량
마늘 1쪽	소금 2~3작은술
올리브오일 적당량	

1 언두부는 해동하고, 당면은 물에 담가 불린다.

2 양파와 당근은 가늘게 채 썰고, 마늘은 다진다. 만가닥버섯은 먹기 좋게 찢고, 고수는 적당히 썬다.

3 팬에 올리브오일을 두르고 달궈 양파와 마늘을 볶는다. 양파가 익으면 당근, 버섯을 넣어 더 볶는다.

4 두부의 물기를 빼고 큼직하게 썬다.

5 냄비에 기름(분량 외)을 두르고 달궈 두부를 볶다가 간장을 넣어 더 볶는다.

6 ⑤에 ③의 채소, 물, 코코넛 밀크를 넣어 끓이다가 고수, 바질, 당면을 넣고 소금으로 간을 한다.

••• 타이 음식을 좋아해서 코코넛 밀크, 고수, 바질이 들어가는 요리를 자주 만듭니다. 카레를 만들 때도 즐겨 써서 코코넛 밀크는 늘 집에 갖춰둘 정도지요. 이 레시피는 언두부를 쓰는데, 두부를 얼리면 탄력이 생겨 쫄깃해지기 때문이에요. 하지만 얼리지 않아도 상관없고, 튀긴 두부를 써도 됩니다.

만드는 법 동영상 보기

ONION MUSHROOM SOUP 양파 버섯 크림수프

4인분

양파 200g	두유 400g
양송이버섯 100g	소금 적당량
마늘 1쪽	후춧가루 적당량
올리브오일 30g	

1 양파와 양송이버섯은 얇게 썰고, 마늘은 다진다.

2 팬에 올리브오일을 두르고 달궈 양파와 마늘을 볶는다. 양파가 익으면 양송이버섯을 넣어 숨이 죽을 때까지 볶는다.

3 ②와 두유 절반(200g)을 믹서에 넣어 부드럽게 간다.

4 냄비에 다시 담아 남은 두유를 넣고 끓인다. 소금과 후춧가루로 간을 한다.

••• 재료가 간단하면서 아주 맛있는 요리입니다. 재료를 갈 때 두유를 반만 넣었는데, 전부 넣으면 거품이 많이 생겨 질감이 거칠어지기 때문이에요. 힘이 센 믹서를 써도 거품이 생길 수 있습니다. 갈 때 걸쭉한 상태가 유지될 만큼만 두유를 넣으세요. 두유 대신 너트밀크를 넣어도 맛있습니다.

만드는 법 동영상 보기

BUCKWHEAT
MINESTRONE 메밀 미네스트로네

4~6인분

양파 150g	올리브오일 1큰술
감자 120g	홀 토마토 200g
당근 120g	메밀 100g
셀러리 50g	물 1L
마늘 1쪽	소금 2작은술

1 양파, 감자, 당근, 셀러리는 주사위 크기로 썰고, 마늘은 다진다.

2 팬에 올리브오일을 두르고 달궈 마늘을 볶는다. 향이 올라오면 양파를 넣고, 양파가 익으면 감자, 당근, 셀러리를 넣어 볶는다.

3 홀 토마토, 메밀, 물을 넣고 뚜껑을 덮어 약한 불로 20분 정도 조린다.

4 채소가 잘 익으면 소금으로 간을 한다.

••• 메밀은 미리 물에 불리지 않아도 잘 익기 때문에 급할 때 바로 쓰기 좋은 재료입니다. 이 레시피는 홀 토마토를 넣어 토마토 맛이지만, 토마토를 쓰지 않고 마른 표고버섯 등의 버섯류를 써서 소금 간만 해도 맛있습니다. 물의 양을 줄여 죽처럼 만들어 먹어도 좋아요.

만드는 법 동영상 보기

NOODLES
AND
PASTA

국수와 파스타

NUTS & SEEDS
BOLOGNESE 호두 호박씨 볼로네즈

2인분

좋아하는 파스타 180g	드라이 토마토 10g
토마토 200g	양파 100g
셀러리 50g	마늘 1쪽
생 호두 50g	소금 적당량
호박씨 50g	후춧가루 적당량

1   드라이 토마토를 물에 담가 부드럽게 불린다.

2   토마토, 셀러리, 호두, 호박씨, 드라이 토마토를 푸드 프로세서에 넣어 간다.

3   양파는 큼직하게 썰고, 마늘은 다진다.

4   팬에 올리브오일을 두르고 달궈 마늘을 볶는다. 향이 올라오면 양파를 넣어 볶다가 ②를 넣어
    볶는다. 재료가 익으면 소금, 후춧가루로 간을 한다.

5   파스타를 끓는 물에 삶아 ④에 넣고 버무린다.

••• 동영상으로 소개한 레시피들 중에서 맛있었다는 반응이 가장 많았던 요리입니다. 호두와 호
박씨는 너무 곱게 갈지 마세요. 알갱이가 적당히 있어야 씹는 맛이 좋아요. 볶아서 갈면 풍
미가 훨씬 좋고요. 드라이 토마토는 단단해서 그대로 갈면 잘 갈리지 않습니다. 갈기 전에
물에 담가두세요. 토마토 담갔던 물도 버리지 말고 잘 안 갈릴 때 넣으세요.

만드는 법 동영상 보기

BASIL PASTE

PASTA 바질 제노바 페스토 파스타

2인분

좋아하는 파스타 180g
잣 60g
올리브오일 30g
바질 20g
마늘 1쪽
소금 1/2작은술

1 잣, 올리브오일, 바질, 마늘, 소금을 푸드 프로세서에 넣고 갈아 페이스트 상태로 만든다.

2 파스타를 끓는 물에 삶아 ①의 페이스트에 버무린다.

••• 제노바 페스토는 병에 담아 장기간 보관할 수 있기 때문에 넉넉하게 만들어두면 요긴합니다. 잣 대신 마카다미아나 아몬드로 만들어도 맛있고, 올리브오일을 조금 줄이고 그만큼 물을 넣으면 더 몸에 좋은 요리가 됩니다. 다만 물을 넣으면 오래 둘 수 없으니 한 번에 다 드세요. 제노바 페스토는 빵에 발라 먹어도 맛있습니다.

만드는 법 동영상 보기

PUMPKIN
GNOCCHI 버섯 단호박 뇨키

2인분

뇨키	소스
단호박 300g	느타리버섯 100g
밀가루 60~100g	마늘 1쪽
소금 1/3작은술	올리브오일 2큰술
	타임 조금
	소금 조금
	후춧가루 조금

1 단호박은 씨를 긁어내고 적당히 잘라서 찐다.

2 찐 단호박에 소금을 넣고 포크로 으깬다.

3 ②에 밀가루를 넣으면서 잘 반죽한다. 이때 짤주머니로 짤 수 있을 정도가 되게 밀가루의 양을 조절한다.

4 반죽을 짤주머니에 담아 끓는 물에 짜 넣는다. 가위로 적당한 길이로 잘라 떨어뜨려 삶는다.

5 뇨키가 떠오르기 시작하면 1분 정도 기다렸다가 망국자로 건져낸다.

6 느타리버섯은 찢고, 마늘을 다진다.

7 팬에 올리브오일을 두르고 달궈 마늘과 느타리버섯을 볶다가 뇨키를 넣어 살짝 볶는다. 마지막에 타임을 넣고 소금, 후춧가루로 간을 한다.

••• 어떤 호박을 쓰는지, 뇨키를 어느 정도 단단하게 만들 것인지에 따라 밀가루의 양이 달라집니다. 레시피는 참고만 하고 원하는 반죽이 될 때까지 밀가루를 넣으세요. 짤주머니로 짜려면 밀가루를 조금만 넣어도 되지만, 포크로 눌러 무늬를 넣는 등 모양을 내려면 밀가루를 넉넉히 넣어야 쉽습니다.

만드는 법 동영상 보기

CREAM PASTA
WITH SOY MILK 두유 크림 파스타

2인분

좋아하는 파스타 180g
두유 300g
쌀가루 30g
가지 100g
만가닥버섯 50g

마늘 1쪽
올리브오일 30g
미소(일본 된장) 5g
소금 적당량
후춧가루 적당량

1   가지는 먹기 좋게 썰고, 만가닥버섯은 찢고, 마늘은 다진다.

2   두유에 쌀가루를 푼다.

3   팬에 올리브오일을 두르고 달궈 마늘을 볶는다. 향이 올라오면 가지와 버섯을 넣어 볶다가 ②와 미소를 넣어 걸쭉해질 때까지 볶는다. 소금, 후춧가루로 간을 한다.

4   파스타를 끓는 물에 삶아 ③에 넣고 버무린다.

••• 두유와 소금만으로는 간이 부족하기 때문에 미소를 조금 넣었습니다. 입맛에 따라 견과를 볶아서 갈아 넣거나 코코넛 오일을 넣어도 좋습니다. 쌀가루는 걸쭉하게 만들기 위해 넣는 거예요. 쌀가루 대신 밀가루나 녹말가루를 넣어도 괜찮습니다. 채소는 그때그때 제철 채소를 쓰세요.

만드는 법 동영상 보기

BASIL WALNUT
RAVIOLI 바질 호두 라비올리

3~4인분

라비올리 피
세몰리나
(또는 중력분, 강력분) 400g
물 180mL
올리브오일 40g
소금 1/2작은술

—

세몰리나 파스타를 만드는 밀가루로
일반 밀가루보다 노랗고 입자가 굵다.

라비올리 소
양파 200g
마늘 1쪽
올리브오일 2큰술
마른 포르치니
(또는 좋아하는 버섯) 3g
생 호두 80g
바질 10g
소금 1/2작은술

—

포르치니 송이와 비슷한 야생 버
섯으로 향이 진하다. 프랑스 요리,
이탈리아 요리 등에 많이 쓴다.

토핑
루콜라 적당량
호두 적당량
잣 적당량
올리브오일 적당량

1 라비올리 피 재료를 모두 섞어 반죽한 뒤 한 덩어리로 뭉친다. 반 나누어 각각 밀대로 밀어 1mm 두께의 직사각형으로 편다.

2 양파는 굵게 다지고, 마늘은 잘게 다진다.

3 팬에 올리브오일을 두르고 달궈 양파와 마늘을 볶는다.

4 마른 포르치니를 물에 담가 불린다.

5 볶은 양파와 마늘, 불린 버섯, 호두, 바질, 소금을 푸드 프로세서에 넣어 곱게 간다.

6 ①의 반죽에 ⑤의 소를 조금씩 적당한 간격을 두어 올린다. 다른 반죽으로 덮고 위아래 반죽이 잘 붙도록 가볍게 누른 뒤, 칼로 잘라 라비올리를 나눈다.

7 라비올리를 끓는 물에 1~2분 동안 삶아 그릇에 담고 토핑 재료를 올린다.

••• 반죽이 되서 밀대로 얇고 평평하게 밀기가 쉽지 않습니다. 파스타 기계를 사용하면 편해요. 시중에서 다양한 모양의 라비올리를 팔지만, 모든 것을 처음부터 만드는 일은 즐겁고 배울 것도 많으니 도전해보세요.

만드는 법 동영상 보기

LASAGNA 라자냐

4인분

라자냐 200g

토마토소스
드라이 토마토 30g
양파 250g
토마토 200g
마늘 1쪽
호박씨 80g
생 호두 80g
소금 1작은술

화이트소스
코코넛 오일 40g
두유 400g
강력분 40g
소금 1/2작은술
흰 후춧가루 조금

1 드라이 토마토를 여러 시간 물에 담가둔다.

2 토마토소스 재료를 모두 푸드 프로세서에 넣고 갈아 페이스트 상태로 만든다.

3 팬에 코코넛 오일을 두르고 달궈 강력분을 녹인다. 부드러워지면 두유를 조금씩 넣어 걸쭉해질 때까지 졸인 뒤, 소금과 흰 후춧가루를 간을 한다.

4 라자냐를 끓는 물에 삶는다.

5 내열 그릇에 삶은 라자냐를 깔고 ③의 화이트소스, ②의 토마토소스 순으로 올린다. 몇 겹 쌓고 맨 위는 화이트소스로 마무리한다.

6 180℃로 예열한 오븐에 30분 동안 굽는다.

••• 볼로네즈 소스(P.80)를 응용한 레시피입니다. 입맛에 따라 바질 등의 허브를 넣어도 맛있지요. 라자냐와 소스를 쌓을 때 얇게 썬 양송이버섯이나 시금치를 넣으면 맛이 훨씬 풍부해져요. 맨 위 화이트소스 위에 올리브오일을 조금 뿌려서 구우면 보기도 좋고 맛도 좋아집니다.

만드는 법 동영상 보기

KOSHARI 코샤리

4인분

쌀 300g	토마토소스	식초 소스
스파게티 50g	양파 400g	식초 50mL
마카로니 50g	마늘 2쪽	레몬즙 1큰술
소금 1/2작은술	쿠민 씨 1큰술	마늘 1쪽
물 600mL	올리브오일 3큰술	
병아리콩 100g	홀 토마토 800g	
렌틸콩 100g	고추 적당량(선택)	
튀긴 양파 적당량	소금 2작은술	

1 병아리콩과 렌틸콩을 하룻밤 물에 담가둔다.

2 스파게티를 적당히 잘라 쌀, 마카로니, 소금과 함께 냄비에 담는다. 물을 붓고 뚜껑을 덮어 약한
   불로 15분 정도 밥을 짓는다.

3 양파는 작게 썰고, 마늘과 고추는 다진다.

4 팬에 올리브오일을 두르고 달궈 마늘과 쿠민 씨를 볶는다. 향이 올라오면 양파를 넣어 볶다가
   익으면 홀 토마토와 고추를 넣고 소금으로 간해 볶는다.

5 마늘을 갈아 식초, 레몬즙과 섞는다.

6 병아리콩과 렌틸콩을 압력솥에 5분 정도 찌든지 물에 삶는다.

7 ②의 밥을 그릇에 담고 토마토소스, 식초 소스, 찐 콩, 튀긴 양파를 올린다.

••• 코샤리는 병아리콩, 렌틸콩, 쌀밥, 스파게티, 마카로니를 토마토소스에 비벼 먹는 이집트 음
   식입니다. 이집트에는 코샤리 전문점이 많은데, 대부분 신맛이 강한 식초 소스와 고추를 많
   이 넣은 매운 소스가 테이블마다 준비되어있어 손님이 입맛대로 넣어 먹을 수 있어요. 기본
   맛은 같아도 가게마다 양념이나 재료가 달라 특징이 있습니다.

만드는 법 동영상 보기

PAD THAI 팟타이

2인분

쌀국수(센렉) 100g
튀긴 두부(또는 두부) 200g
숙주나물 50g
부추 20g
양파 50g
마늘 1쪽
식물성 기름 3큰술

타마린드 페이스트 1~2큰술(20g)
간장 4~6큰술
팜 슈거(또는 설탕) 1~2큰술
땅콩 적당량
라임 적당량

—

타마린드 페이스트 새콤한 열대 과일인 타마린
드로 만든 페이스트. 타이 요리에 많이 쓴다.

1   쌀국수를 물에 담가 불린다.

2   튀긴 두부는 한입 크기로 썰고, 부추는 적당한 길이로 썬다. 양파는 얇게 썰고, 마늘은 다진다.

3   달군 팬에 기름을 두르고 양파, 마늘을 볶는다. 적당히 익으면 튀긴 두부, 타마린드 페이스트,
    간장, 팜 슈거를 넣는다.

4   불린 쌀국수를 넣어 볶는다. 물기가 부족하면 물을 조금 넣는다.

5   부추와 숙주나물을 넣어 볶는다.

6   그릇에 담아 다진 땅콩을 뿌리고 라임을 곁들인다.

••• 팟타이는 가게마다 맛의 차이가 큰 편입니다. 개인적으로 진하고 걸쭉한 소스를 좋아하는
데, 입맛에 맞는 팟타이를 먹으려면 역시 직접 만드는 게 가장 좋지요. 타마린드 페이스트는
팟타이를 만들 때 없어서는 안 되는 재료이기 때문에 꼭 준비하는 게 좋습니다. 만일 구하지
못했다면 맛은 조금 다르겠지만 매실장아찌를 넣으세요. 팜 슈거보다 설탕이 더 달기 때문
에 설탕을 넣을 경우에는 양을 조금 줄이세요.

만드는 법 동영상 보기

DAN-DAN
NOODLES 탄탄면

1인분

중화면 1인분
청경채 적당량

국물
마른 표고버섯 2g
다시마 2g
물 160mL
두유 160g
간장 2큰술
참깨 페이스트 2큰술
고추기름 1큰술
식초 1작은술
후춧가루 1/4작은술
(기호에 따라)

토핑
다진 콩고기 30g
식물성 기름 1큰술
춘장 2작은술
간장 2작은술

1 마른 표고버섯, 다시마, 물을 냄비에 담아 한소끔 끓인다.

2 콩고기를 삶아 꼭 짜서 물기를 뺀다.

3 달군 팬에 기름을 두르고 콩고기를 볶다가, 춘장과 간장을 넣어 물기가 없
 어질 때까지 볶는다.

4 ①에 두유, 간장, 참깨 페이스트, 고추기름, 식초, 후춧가루를 넣어 약한 불
 로 끓인다.

5 청경채를 끓는 물에 1분 정도 데치고, 그 물에 중화면을 삶아 물기를 뺀다.

6 국수를 그릇에 담고 ④의 국물을 부은 뒤, 콩고기와 청경채를 올린다.

••• 콩고기를 간해서 볶으면 모양뿐 아니라 맛도 고기와 비슷합니다. 두유는 끓으면 분리되니
 국물에 넣어 끓일 때 불 조절에 주의하세요. 재료가 다 익으면 불을 끄고 조금 식힌 뒤 마
 지막에 두유를 넣는 것이 실패하지 않는 비법입니다.

만드는 법 동영상 보기

COLD UDON 냉우동

2인분

우동 200g	설탕 1큰술
오이 100g	미소(일본 된장) 2큰술
양하 1개	간 생강 1작은술
깻잎 10장	물 200mL
통깨 3큰술	

양하 은은한 생강 향이 나는 채소로 무침, 찌개 등에 넣는다.

1   통깨와 설탕을 손절구로 갈다가, 어느 정도 갈리면 깻잎을 넣어 더 간다. 페이스트 상태가 되면 미소, 생강, 물을 넣어 섞는다.

2   오이와 양하를 얇게 썰어 ①에 넣는다.

3   우동을 끓는 물에 삶아서 찬물에 여러 번 비벼 헹궈 물기를 뺀다.

4   우동을 그릇에 담고 ②의 국물을 붓는다.

∙∙∙   여름에 잘 어울리는 메뉴입니다. 통깨를 절구에 간 뒤 볶은 호두나 피스타치오 같은 견과를 넣고 함께 갈아도 좋지요. 채소는 썰기만 하면 되고 우동은 삶기만 하면 되니, 미리 준비할 것도 없어 간단하고 마음 편하게 만들어 먹을 수 있는 요리예요.

만드는 법 동영상 보기

SPICY PUMPKIN PEANUT NOODLES 단호박 땅콩 국수

1인분

좋아하는 국수 2인분
양파 100g
만가닥버섯 100g
브로콜리 200g
단호박 200g
마늘 1쪽
고추 1개
식물성 기름 2큰술

코코넛 밀크 300g
물 500mL
땅콩버터 80g
간장 4큰술
소금 1작은술
튀긴 두부 적당량
고수 잎 적당량

1 양파와 마늘은 얇게 썰고, 고추는 다지고, 만가닥버섯은 먹기 좋게 찢는다. 브로콜리는 적당히 썰고, 단호박은 씨를 긁어내어 한입 크기로 썬다.

2 달군 팬에 기름을 두르고 마늘과 다진 고추를 볶는다.

3 ②에 양파와 만가닥버섯을 넣어 볶다가 단호박, 브로콜리, 코코넛 밀크, 물, 땅콩버터, 간장, 소금을 넣어 약한 불로 끓인다.

4 국수를 끓는 물에 삶는다.

5 삶은 국수를 그릇에 담고 ③의 국물을 부은 뒤 튀긴 두부와 고수 잎을 올린다.

••• 타이식으로 양념하기 때문에 팟타이에 쓰는 쌀국수를 잘 씁니다. 국물을 끓일 때 라임 잎을 3~4장 넣으면 상쾌한 향이 나 더 맛있지요. 입맛에 따라 계피, 카르다몸, 정향, 쿠민, 회향, 너트멕 등의 향신료를 넣어도 좋고요. 매운 맛을 좋아하면 고추를 조금 더 넣어도 되고, 단호박이나 코코넛의 단맛을 살리고 싶으면 고추를 빼도 됩니다.

만드는 법 동영상 보기

MISO RAMEN 미소라면

2인분

중화면 2인분	국물	
대파 적당량(기호에 따라)	표고버섯 2개	참깨 페이스트 20g
실고추 조금(기호에 따라)	마늘 1쪽	맛술 20g
	생강 조금	고추기름 5g
	물 800mL	참기름 5g
	미소(일본 된장) 60g	소금 1/2작은술

1 대파는 가늘게 어슷어슷 썰고, 표고버섯은 도톰하게 썰고, 마늘과 생강은 간다.

2 국물 재료를 모두 냄비에 담아 약한 불로 끓인다.

3 중화면을 끓는 물에 1분 정도 삶는다.

4 그릇에 삶은 국수를 담고 ②의 국물을 부은 뒤 대파와 실고추를 올린다.

••• 국물은 좋아하는 채소를 듬뿍 넣어 끓이세요. 표고버섯 대신 팽이버섯, 새송이버섯 등을 넣어도 좋고, 양배추도 미소와 잘 어울려요. 맛술은 단맛을 더하기 위해 넣는 것이니 대신 감미료를 넣어도 됩니다. 중화면을 직접 만들면 더 맛있습니다. 물 100mL에 베이킹소다 10g을 녹인 뒤, 강력분 200g을 섞어 한 덩어리가 되게 반죽하세요. 반죽이 매끄러워지면 밀대로 얇게 밀어 밀가루를 뿌리고 겹겹이 접어서 3mm 폭으로 써세요. 녹말가루를 뿌리고 가볍게 쥐면서 버무리면 국수가 구불구불해집니다. 그 상태로 냉동하면 오래 둘 수 있으니 한 번에 많이 만드는 두어도 좋습니다.

만드는 법 동영상 보기

DESSERTS
AND
SNACKS

PART

04

디저트와 간식

CHOCOLATE
GRANOLA BARS 초콜릿 그래놀라 바

22×22cm 1개분

그래놀라
코코넛 오일 60g
메이플 시럽 120g
납작귀리 200g
쌀가루 100g
생 헤이즐넛 100g
건과일 120g

초콜릿
카카오 버터 50g
코코넛 오일 100g
메이플 시럽 120g
카카오 가루 120g

1 코코넛 오일을 약한 불로 녹인 뒤, 불에서 내려 메이플 시럽을 섞는다.

2 납작귀리와 쌀가루를 푸드 프로세서에 넣고 갈아 ①과 섞는다.

3 헤이즐넛을 굵게 다져 건과일과 함께 ②에 섞는다.

4 사각 틀에 테플론 시트를 깔고 ③을 퍼 담아 180℃로 예열한 오븐에 30분 동안 굽는다.

5 카카오 버터와 코코넛 오일을 약한 불로 녹인다. 다 녹으면 불에서 내려 메이플 시럽과 카카오 가루를 넣어 섞는다.

6 ⑤의 초콜릿을 ④의 그래놀라 위에 부어 냉장실에서 1시간 동안 굳힌다.

••• 그래놀라에 넣는 건과일은 건포도 등 좋아하는 과일을 넣으면 됩니다. 메이플 시럽도 다른 액체 감미료로 바꿀 수 있고요. 쌀가루는 구우면 사각사각해져서 맛있는데 자를 때 부서지기 쉽습니다. 부서지지 않게 하려면 사각하진 않지만 밀가루 등 다른 재료를 쓰세요. 초콜릿은 카카오 버터와 코코넛 오일을 함께 넣어야 적당히 부드럽습니다. 카카오 버터만 쓰면 단단해서 먹기 힘들고, 코코넛 오일만 쓰면 너무 부드러워서 따뜻한 곳에 두면 녹아요. 냉장하거나 냉동하면 오래 두고 먹을 수 있습니다.

만드는 법 동영상 보기

GREEN TEA LAVA
MUFFINS 녹차 라바 머핀

지름 8cm 6개분

통밀박력분 400g	녹차 크림
코코넛 밀크 350g	두유 200g
설탕 150g	설탕 40g
식물성 기름 80g	가루녹차 1큰술
베이킹파우더 2큰술	타피오카 가루(또는 녹말가루) 1큰술
소금 조금	
생 아몬드 30g	

1   녹차 크림 재료를 모두 냄비에 담아 약한 불로 저으면서 졸인다. 걸쭉해지면 불에서 내린다.

2   ①의 녹차 크림을 얼음 틀에 부어 2~3시간 동안 얼린다.

3   코코넛 밀크, 설탕, 식물성 기름을 한데 담고 통밀박력분과 베이킹파우더를 체에 쳐서 넣는다. 소금을 넣어 가볍게 섞는다.

4   머핀 틀에 유산지를 깔고 ③의 반죽을 틀의 70% 정도만 담는다.

5   ④의 반죽 가운데에 얼린 녹차 크림을 얹고 남은 반죽을 가득 담는다.

6   아몬드를 대충 썰어 반죽 위에 올려 180℃로 예열한 오븐에 35분 동안 굽는다.

••• 건강을 위해 통밀박력분으로 반죽했지만 일반 박력분을 써도 괜찮습니다. 통밀박력분은 일반 박력분에 비해 잘 부풀지 않는 데다 질감도 푸석푸석하고 색도 별로 예쁘지 않습니다. 용도나 입맛에 맞게 선택하거나 섞어서 쓰세요. 녹차 크림은 금방 상하니까 보관하려면 냉동하세요.

만드는 법 동영상 보기

BLUEBERRY CAKE 블루베리 케이크

지름 18cm 1개분

크러스트	필링	장식
납작귀리 40g	생 캐슈너트 150g	블루베리 적당량
생 아몬드 30g	블루베리 300g	민트 잎 적당량
대추야자 30g	설탕 130g	
식물성 기름 30g	코코넛 밀크 200g	
	물 200mL	
	녹말가루 2큰술	
	한천가루 1½작은술	

1 크러스트 재료를 모두 푸드 프로세서에 넣고 곱게 갈아 둥근 틀에 빈틈없이 깐다.

2 ①을 180℃로 예열한 오븐에 15분 동안 굽는다.

3 블루베리 100g과 다른 필링 재료를 모두 믹서에 넣고 갈아 부드러운 크림 상태로 만든다.

4 ③을 중약불로 걸쭉해질 때까지 저으면서 졸인다.

5 구운 크러스트 위에 남은 블루베리 200g을 골고루 얹고 ④의 필링을 붓는다.

6 냉장실에서 2~3시간 굳힌 뒤, 가장자리에 민트 잎과 블루베리를 올린다.

••• 한천가루는 필링을 굳히기 위해, 녹말가루는 탄력을 주기 위해 넣습니다. 한천가루만 넣으면 보들보들하게 만들기 어렵고, 조금만 덜 넣어도 굳지 않을 수 있어요. 녹말가루를 같이 넣으면 탄력이 생겨 씹는 맛이 좋아지고, 한천가루가 조금 많이 들어가도 지나치게 단단해지는 것을 막아줍니다. 만들어보고 입맛에 맞는 황금비율을 찾으세요.

만드는 법 동영상 보기

PECAN PIE 피칸 파이

18×18cm 1개분

크러스트	필링	토핑
통밀박력분 120g	코코넛 밀크 150g	피칸 50g
메이플 시럽 30g	생 캐슈너트 70g	바닐라 아이스크림 적당량
식물성 기름 30g	현미조청 60g	계핏가루 적당량
	팜 슈거(또는 설탕) 40g	메이플 시럽 적당량
	버번 30g	
	타피오카 가루 (또는 녹말가루) 15g	
	바닐라 에센스 2작은술	
	피칸 100g	

1 크러스트 재료를 섞어 반죽한다. 사각 틀에 유산지를 깔고 골고루 담아 가볍게 누른다.

2 피칸 외의 필링 재료를 푸드 프로세서에 넣고 갈아 부드러운 페이스트 상태로 만든다.

3 ②에 피칸 100g을 넣어 걸쭉해질 때까지 약한 불로 조린다.

4 ①의 반죽 위에 ③의 필링을 붓고 피칸을 빈틈없이 올린다.

5 180℃로 예열한 오븐에 30분 동안 굽는다.

6 접시에 담아 바닐라 아이스크림을 올리고 계핏가루와 메이플 시럽을 뿌린다.

••• 피칸 파이는 미국 남부의 디저트로 크리스마스나 추수감사절 등 축하하는 자리에서 많이 먹습니다. 원래는 파이 반죽으로 크러스트를 만드는데, 채식 재료로 파이 반죽을 만들려면 시간이 오래 걸리기 때문에 간단하게 만들었어요. 현미조청과 팜 슈거는 설탕 등 다른 감미료를 써도 되지만, 조청의 끈기가 피칸파이에 잘 어울립니다. 버번의 양은 입맛에 맞게 조절하세요. 넣지 않아도 되고, 다른 리큐어를 써도 됩니다.

만드는 법 동영상 보기

TARTE TATIN 타르트 타탱

지름 18cm 1개분

크러스트	토핑
통밀박력분 140g	사과 800g
타피오카 가루 (또는 녹말가루) 30g	설탕 100g
	코코넛 오일 2큰술(20g)
메이플 시럽 50g	럼주 2큰술
식물성 기름 50g	물 조금

1. 사과는 껍질을 벗기고 4등분해 씨를 잘라낸다.

2. 냄비에 코코넛오일, 설탕, 럼주, 물을 넣어 끓인다. 끓기 시작하면 사과를 넣어 조린다. 눌어붙지 않게 계속 저으면서 약한 불로 조린다.

3. 둥근 틀에 ②의 사과를 틈이 생기지 않게 가지런히 담고 남은 소스를 붓는다.

4. 크러스트 재료를 모두 섞는다. 가루가 보이지 않으면 틀과 같은 크기로 동그랗게 편다.

5. ④의 사과 위에 크러스트 반죽을 덮고 꼬챙이로 군데군데 구멍을 낸다.

6. 210℃로 예열한 오븐에 15분 동안 굽고, 180℃로 15분 더 굽는다.

・・・ 어떤 사과를 써도 상관없지만 시고 수분이 많지 않은 홍옥을 쓰는 것이 가장 좋습니다. 크러스트 반죽 대신 스펀지케이크나 머핀 반죽을 부어 구우면 또 다른 맛을 즐길 수 있지요. 구운 뒤 실온에서 식혀 꺼내면 토핑 부분이 투명한데, 냉장고에 넣으면 이 부분이 탁해져 반투명해집니다. 사진을 찍으려면 냉장고에 넣기 전에 찍으세요.

만드는 법 동영상 보기

GÂTEAU
AU CHOCOLAT 가토 쇼콜라

지름 18cm 1개분

박력분 140g	메이플 시럽 170g
생 아몬드 20g	식물성 기름 50g
생 헤이즐넛 20g	다진 오렌지 껍질 1작은술
카카오 가루 60g	바닐라 에센스 1작은술
카카오 버터 50g	베이킹파우더 1작은술
두유 200g	

1 아몬드와 헤이즐넛을 믹서로 곱게 간다.

2 카카오 버터를 잘게 썰어 약한 불로 녹인다. 다 녹으면 불에서 내려 두유, 메이플 시럽, 식물성 기름, 오렌지 껍질, 바닐라 에센스를 섞는다.

3 박력분, 카카오 가루, 베이킹파우더, ①의 가루를 체에 쳐서 ②에 넣고 섞는다.

4 ③을 둥근 틀에 부어 160℃로 예열한 오븐에 50분 동안 굽는다.

••• 이 레시피는 오렌지 껍질을 1작은술 넣지만 1개분을 다 넣어도 좋습니다. 물론 다른 감귤류를 써도 상관없고요. 다만 껍질에 농약이 묻어있을 수 있으니 유기농 오렌지가 아니라면 신경 써서 씻어야 합니다. 유기농 오렌지 필을 쓰는 것도 좋습니다. 맛이 꽤 진하므로 가벼운 맛을 원하면 박력분의 양을 늘리세요.

만드는 법 동영상 보기

SULJIGEMI
CHEESECAKE 술지게미 치즈케이크

20×20cm 1개분

크러스트	필링	장식
납작귀리 50g	두유 500g	코코넛 플레이크 적당량
생 아몬드 20g	술지게미 160g	블루베리 적당량
생 호두 20g	생 아몬드 80g	
현미조청 30g	쌀(또는 쌀가루) 40g	
소금 조금	설탕 160g	
	코코넛 오일 60g	
	레몬즙 50g	
	레몬 껍질 조금	
	블루베리 200g	

1   크러스트 재료를 모두 푸드 프로세서에 넣고 갈아 둥근 틀에 빈틈없이 깐다.

2   180℃로 예열한 오븐에 20분 동안 굽는다.

3   아몬드와 쌀을 푸드 프로세서로 간 뒤, 블루베리 외의 나머지 필링 재료를 넣고 갈아 페이스트
    상태로 만든다.

4   구운 크러스트 위에 블루베리를 골고루 얹고 ③의 필링을 붓는다.

5   160℃로 예열한 오븐에 60분 동안 굽는다.

6   코코넛 플레이크와 블루베리를 올려 장식한다.

••• 필링이 묵직한 치즈케이크입니다. 필링을 가볍고 폭신하게 만들고 싶으면 쌀, 술지게미, 아
    몬드의 양을 조금씩 줄이고 박력분과 베이킹파우더를 더 넣으세요. 크러스트 위에 얹는 블
    루베리는 다른 과일로 바꿔도 됩니다. 딸기, 라즈베리, 바나나, 망고 등 좋아하는 과일을 쓰
    세요. 여러 가지 과일을 섞어도 좋습니다.

만드는 법 동영상 보기

SWEET POTATO TART 고구마 몽블랑 타르트

지름 18cm 1개분

크러스트
통밀가루 170g
식물성 기름 50g
메이플 시럽 50g
소금 조금

스펀지케이크
통밀박력분 70g
두유 60g
메이플 시럽 40g
식물성 기름 20g
베이킹파우더 1큰술
바닐라 에센스 조금

두유 크림
두유 200g
메이플 시럽 30g
설탕 30g
쌀가루 20g
코코넛 오일 1큰술(10g)
바닐라 에센스 조금
아몬드 익스트랙트 조금

고구마 페이스트
고구마 200g
두유 50g
메이플 시럽 30g
코코넛 밀크 20g
계핏가루 1/2작은술

1. 크러스트 재료를 모두 섞어 반죽한다. 한 덩어리가 되면 타르트 틀에 꼼꼼하게 깔아 가볍게 누르고 포크로 군데군데 구멍을 낸다.

2. 180℃로 예열한 오븐에 12분 동안 굽는다.

3. 두유, 메이플 시럽, 식물성 기름, 바닐라 에센스를 섞은 뒤, 밀가루와 베이킹파우더를 체에 쳐 넣어 섞는다.

4. 구운 크러스트 위에 ③의 반죽을 부어 180℃로 예열한 오븐에 20분 동안 굽는다.

5. 두유 크림 재료를 모두 냄비에 담아 크림 상태가 될 때까지 저으면서 약한 불로 졸인다.

6. ④의 스펀지케이크 윗면을 얇게 깎고 ⑤의 두유 크림을 골고루 바른다.

7. 고구마는 껍질을 깎고 적당히 썰어 15~20분 동안 찐다. 나머지 고구마 페이스트 재료와 함께 푸드 프로세서로 갈아 고운체에 내린다.

8. ⑦의 페이스트를 짤주머니에 담아 ⑥ 위에 듬뿍 짠다.

••• 고구마 페이스트는 반드시 고운체에 내리세요. 내리지 않고 짜면 깍지가 바로 막힙니다. 두유 크림에는 바닐라 에센스와 아몬드 익스트랙트를 같이 넣는 게 좋아요. 아몬드 익스트랙트는 꼭 넣어야 하는 재료는 아니지만, 넣으면 살구 씨 향 등 좋은 풍미를 즐길 수 있습니다.

만드는 법 동영상 보기

AVOCADO
CHOCOLATE TART 아보카도 초콜릿 타르트

지름 18cm 1개분

크러스트
좋아하는 견과 50g
코코넛 플레이크 50g
메이플 시럽 30g
아마 씨 1~2작은술

필링
아보카도 200g
메이플 시럽 60g
카카오 가루 40g
코코넛 오일 20g
바닐라 에센스 조금
계핏가루 조금

1   크러스트 재료를 모두 푸드 프로세서에 넣어 곱게 간 뒤, 타르트 틀에 꼼꼼하게 깐다.

2   필링 재료를 모두 푸드 프로세서에 넣어 간다.

3   ①의 반죽 위에 ②의 필링을 부어 냉장실에서 2~3시간 동안 굳힌다.

••• 이 레시피는 크러스트를 굽지 않지만, 필링을 붓기 전에 180℃로 예열한 오븐에서 15분 정
도 구워도 맛있습니다. 아마 씨는 재료를 엉기게 하는 역할이므로 없으면 넣지 않아도 되
고요. 초콜릿 맛의 필링에는 아몬드, 헤이즐넛, 호두 등을 섞어 넣으면 좋습니다. 특히 헤
이즐넛은 초콜릿과 잘 어울리지요. 필링만 만들어서 베리류의 과일을 곁들어 먹어도 좋습
니다.

만드는 법 동영상 보기

EARL GREY
COOKIES 얼 그레이 쿠키

15개분

박력분 100g

타피오카 가루(또는 녹말가루) 20g

설탕 40g

식물성 기름 50g

코코넛 오일 20g

얼 그레이 찻잎 1큰술

바닐라 에센스 1작은술

베이킹파우더 1/2작은술

1 얼 그레이 찻잎을 믹서로 간 뒤, 나머지 재료와 섞어 한 덩어리로 뭉친다.

2 반죽을 긴 원통형으로 만들어 비닐 랩으로 싸서 냉장실에 30분 동안 넣어둔다.

3 반죽을 알맞은 두께로 썰어 180℃로 예열한 오븐에 15분 동안 굽는다.

••• 박력분을 조금 줄이고 그만큼 타피오카 가루를 넣으면 쿠키가 사각사각해집니다. 타피오카
가루가 아니어도 녹말가루면 무엇이든 상관없어요. 반대로 촉촉한 쿠키를 좋아하면 타피오
카 가루를 넣지 말고 박력분으로만 만드세요. 얼 그레이 외에 다르질링, 마살라 차이, 우롱
차 등 다른 찻잎을 넣어도 좋습니다.

만드는 법 동영상 보기

GREEN TEA & SOYBEAN FLOUR SNOWBALLS 녹차 콩가루 스노볼

24개분

박력분 120g	코코넛 오일 30g
생 아몬드 30g	가루녹차 1작은술
설탕 35g	콩가루 적당량
식물성 기름 30g	

1 아몬드를 믹서로 갈아 콩가루 외의 나머지 재료와 섞는다.

2 반죽을 10g씩 나누어 동그랗게 빚는다.

3 180℃로 예열한 오븐에 15분 동안 굽는다.

4 조금 식으면 콩가루를 묻힌다.

••• 믹서가 없으면 아몬드 가루를 써도 됩니다. 아몬드 대신 캐슈너트나 헤이즐넛을 쓰면 또 다른 맛을 즐길 수 있고요. 녹차를 넣지 않으면 담백하고, 카카오 가루나 계핏가루, 볶은 참깨 등을 넣어도 맛있습니다. 보기보다 맛이 꽤 진하고 유분도 많으니 과식하지 않게 주의하세요.

만드는 법 동영상 보기

OLD FASHIONED
DOUGHNUTS 올드 패션 도넛

6개분

도넛	초콜릿
박력분 300g	카카오 버터 100g
아마 씨 3큰술	카카오 가루 80g
두유 100g	메이플 시럽 30g
설탕 100g	바닐라 에센스 1작은술
코코넛 오일 45g	
바닐라 에센스 2작은술	
베이킹파우더 1작은술	

1   아마 씨를 믹서로 간다.

2   코코넛 오일을 약한 불로 녹인 뒤, 나머지 도넛 재료를 섞어 반죽한다.

3   반죽을 6등분해 막대 모양으로 민 뒤, 지름 8~10cm의 링을 만들어 이음매가 떨어지지 않게 붙인다.

4   반죽의 한쪽 면에 링을 따라 칼집을 넣어 160℃의 기름에 한 면당 2분씩 튀긴다.

5   카카오 버터를 약한 불로 녹인 뒤, 불에서 내려 나머지 초콜릿 재료와 섞는다.

6   튀긴 도넛에 ⑤의 초콜릿을 묻혀 굳힌다.

••• 아마 씨는 수분을 흡수하면 끈기가 생겨 반죽이 잘 되게 하지만, 꼭 넣어야 하는 것은 아닙니다. 두유를 너트밀크로, 설탕을 다른 감미료로 바꿔도 상관없고요. 과자를 만들 때 코코넛 오일을 쓰면 유제품을 넣은 것처럼 풍미가 좋아지는데, 이것도 다른 식물성 기름을 써도 됩니다. 반죽이 잘 부풀지 않으면 베이킹파우더를 조금 더 넣거나 아마 씨의 양을 줄여보세요.

만드는 법 동영상 보기

GLUTEN FREE
PANCAKE 글루텐 프리 팬케이크

1인분

팬케이크
쌀가루 75g
옥수수 가루 75g
팜 슈거(또는 설탕) 10g
두유 200g
베이킹파우더 1작은술
바닐라 에센스 1작은술

토핑
좋아하는 과일 적당량
메이플 시럽 적당량

1 팬케이크 재료를 모두 섞는다.

2 팬에 ①의 반죽을 떠 넣어 앞뒤로 굽는다.

3 팬케이크에 좋아하는 과일을 올리고 메이플 시럽을 뿌린다.

••• 글루텐이 없는 가루는 종류가 많지 않은데 쌀가루나 옥수수 가루 등이 구하기 쉽습니다.
메밀가루도 글루텐이 없지만 반죽에 끈기가 생깁니다. 메밀가루를 쓰려면 가벼운 다른 가
루와 섞어 쓰는 것이 좋습니다. 팜 슈거 대신 설탕을 넣을 경우에는 양을 조금 줄이세요.
설탕이 팜 슈거보다 단맛이 더 강하거든요.

만드는 법 동영상 보기

CRÈME BRÛLÉE 크렘 브륄레

4개분

코코넛 밀크 300g   토핑
두유 200g   설탕 2작은술
설탕 50g
녹말가루 30g
한천가루 1/2작은술
다진 오렌지 껍질 2작은술
바닐라 빈 1/4개

1   바닐라 빈의 씨를 긁어내어 토핑용 설탕 외의 나머지 재료와 함께 냄비에 담아 걸쭉해질 때까지
    저으면서 약한 불로 끓인다.

2   ①을 그릇에 부어 냉장실에서 여러 시간 굳힌다.

3   굳으면 윗면에 설탕을 골고루 뿌리고 토치로 태운다.

••• 코코넛 밀크만으로도 만들 수 있지만 코코넛 향이 너무 강해지기 때문에 두유와 섞었습니
    다. 두유 대신 너트밀크를 넣어도 됩니다. 오렌지 껍질은 꼭 듬뿍 넣으세요. 토치로 설탕을
    태우는 것은 하지 않아도 되는데, 토치는 채소를 굽는 등 쓰임새가 많습니다. 갖춰두면 요리
    가 더 즐거워질 거예요.

만드는 법 동영상 보기

VEGAN STEAMED MEAT BUNS 콩고기 만두

6개분

만두피	만두소	
박력분 200g	다진 콩고기 50g	맛술 1큰술
물 100~120mL	연근 100g	참기름 1큰술
베이킹파우더 1큰술	대파 50g	소금 조금
	표고버섯 30g	후춧가루 조금
	간장 2큰술	

1 콩고기를 삶아 꼭 짜서 물기를 뺀다.

2 대파와 표고버섯은 다지고, 연근은 간다. 만두소 재료를 모두 섞는다.

3 팬에 기름(분량 외)을 두르고 달궈 ②의 만두소를 걸쭉해질 때까지 볶는다.

4 만두피 재료를 모두 섞어 반죽해 한 덩어리로 뭉친다.

5 반죽을 6등분해 밀대로 얇고 동그랗게 민다. ③의 소를 올리고 감싼다.

6 김 오른 찜통에 면 보자기를 깔고 ⑤의 만두를 15분 동안 찐다.

••• 시간 여유가 있다면 반죽에 이스트를 추가해 만들어보세요. 발효시켜야 해서 조금 수고스럽
지만 반죽에 탄력과 풍미가 더해져 한결 맛있습니다. 박력분은 중력분으로 바꿔 써도 상관
없습니다. 쫄깃함의 차이가 있으니 입맛에 맞는 걸로 쓰세요.

만드는 법 동영상 보기

PANNA COTTA 판나 코타

5인분

코코넛 밀크 400g	소스	장식
두유 200g	딸기 100g	딸기 적당량
메이플 시럽 60g	메이플 시럽 30g	블루베리 적당량
바닐라 에센스 1작은술		
한천가루 1작은술		

1 코코넛 밀크, 두유, 메이플 시럽, 바닐라 에센스, 한천가루를 냄비에 담아 약한 불에 올린다. 끓기 시작하면 불을 끈다.

2 ①을 그릇에 담아 냉장실에서 1~2시간 정도 굳힌다.

3 딸기와 메이플 시럽을 믹서에 넣어 간다.

4 굳은 판나 코타에 ③의 소스를 붓고 딸기와 블루베리를 올려 장식한다.

••• 코코넛 밀크가 단맛이 강해서 메이플 시럽의 양을 줄였습니다. 단맛을 좋아하면 더 넣어도 좋아요. 메이플 시럽 대신 다른 감미료를 넣어도 되고요. 이 레시피는 응고제로 한천만 넣어서 조금 되직합니다. 한천의 양을 줄이고 그만큼 녹말가루를 넣으면 더 부드러운 판나 코타를 즐길 수 있습니다.

만드는 법 동영상 보기

PUNPKIN

PUDDING 단호박 푸딩

5개분

두유 400g
단호박(살 부분) 100g
메이플 시럽 80g
한천가루 1작은술
녹말가루 1작은술
바닐라 에센스 1작은술

캐러멜 소스
팜 슈거(또는 설탕) 50g
물 20mL

1   팜 슈거와 물을 냄비에 담아 걸쭉해질 때까지 약할 불로 졸인다. 물에 한 방울 떨어뜨렸을 때 녹지 않고 가라앉는 정도가 적당하다. 다 되면 푸딩 그릇에 나눠 담아 냉장실에서 식힌다.

2   단호박은 씨를 긁어내고 쪄서 껍질을 벗긴다.

3   두유 200g과 단호박, 메이플 시럽, 한천가루, 녹말가루를 믹서에 넣어 부드럽게 갈아 약한 불로 끓인다. 끓기 시작하면 남은 두유와 바닐라 에센스를 넣어 섞는다.

4   ①에 ③을 부어 냉장실에서 여러 시간 굳힌다.

••• 팜 슈거는 흑설탕 같은 깊은 맛이 나서 설탕으로 만들 때처럼 태우지 않아도 맛있는 캐러멜 소스가 됩니다. 설탕을 쓸 경우에는 연한 갈색이 나게 끓이세요. 바닐라 에센스는 단호박 맛이 진하다면 넣지 마세요. 또 계피를 넣기도 하는데, 이것저것 넣기보다 단호박 맛을 즐기기를 권합니다.

만드는 법 동영상 보기

GREEN TEA
ICE CREAM 녹차 아이스크림

약 1리터분

연두부 400g
코코넛 밀크 300g
메이플 시럽 150g
식물성 기름 80g
가루녹차 2~3큰술(16~24g)

1 모든 재료를 믹서에 넣어 간다.

2 아이스크림 메이커에 ①을 부어 굳힌다.

3 아이스크림이 굳기 시작하면 통에 옮겨 담아 냉동실에서 여러 시간 얼린다.

••• 캐슈너트로 아이스크림을 만들려면 강력한 믹서가 있어야 하지만, 녹차 아이스크림은 단단한 재료를 쓰지 않기 때문에 일반 믹서로도 충분히 부드럽게 만들 수 있습니다. 재료는 되도록 간단한 게 좋습니다. 녹차는 맛이 섬세해서 바닐라 등을 넣으면 특유의 맛을 못 느끼게 되거든요. 연두부와 코코넛 밀크의 균형도 중요해요. 둘 다 맛이 강하기 때문에 맛을 보면서 양을 조절하세요. 합해서 700g을 맞추면 됩니다. 다른 아이스크림처럼 캐슈너트나 두유 등을 써도 됩니다.

MINT CHOCOLATE CHIP ICE CREAM 민트 초코 칩 아이스크림

약 1리터분

민트 아이스크림

두유 600g	식물성 기름 80g
생 캐슈너트 100g	코코넛 오일 20g
설탕 100g	민트 잎 15g
메이플 시럽 100g	바닐라 에센스 1작은술

초콜릿

카카오 버터 30g
카카오 가루 30g
메이플 시럽 15g

1 민트 아이스크림 재료를 모두 믹서에 넣어 곱게 간다.

2 카카오 버터를 잘게 썰어 냄비에 담고 카카오 가루와 메이플 시럽을 넣어 약한 불로 끓인다.
   50℃를 넘지 않게 주의하며 카카오 버터가 녹을 때까지 눌어붙지 않게 저으면서 끓인다.

3 아이스크림 메이커에 ①을 부어 굳힌다. 굳기 시작하면 ②의 초콜릿을 조금씩 넣는다.

4 통에 옮겨 담아 냉동실에서 6시간 정도 얼린다.

••• 민트 향이 치약 같아서 싫다는 분도 이 레시피로 만들어 먹어보면 생각이 달라질 거예요. 초
콜릿은 녹은 상태로 아이스크림 메이커에 부으세요. 바로 차가워지면서 굳어 초코 칩이 됩
니다. 감미료는 설탕과 메이플 시럽을 함께 넣지만, 선호하는 감미료가 있으면 그걸 넣어도
괜찮습니다. 식물성 기름도 같은 양의 캐슈너트로 바꿀 수 있어요.

만드는 법 동영상 보기

DOUBLE BERRY
ICE CREAM 더블 베리 아이스크림

약 1리터분

딸기 아이스크림	라즈베리 소스
딸기 600g	라즈베리 100g
생 캐슈너트 180g	메이플 시럽 30g
코코넛 오일 20g	
메이플 시럽 200g	
바닐라 빈 1/2개	

1 바닐라 빈의 씨를 긁어내어 나머지 딸기 아이스크림 재료와 함께 믹서에 넣어 간다.

2 라즈베리 소스 재료를 모두 믹서에 넣어 간다.

3 아이스크림 메이커에 ①을 넣어 굳힌다.

4 굳기 시작하면 통에 라즈베리 소스와 섞어 담아 냉동실에서 얼린다.

••• 메이플 시럽은 다른 감미료로 바꿔도 됩니다. 다만 감미료마다 단맛의 정도가 다르고 딸기의 단 정도에 따라서도 양을 조절해야 하니 맛을 보아가며 조금씩 넣으세요. 딸기가 나오지 않는 계절에는 냉동 딸기를 써도 좋습니다. 딸기 아이스크림과 라즈베리 소스를 통에 담을 때는 번갈아 담아 소스가 전체에 퍼질 수 있게 하세요. 아이스크림을 퍼 담을 때 적당히 섞입니다.

만드는 법 동영상 보기

MY COOKING
EQUIPMENT 나의 조리도구

재료뿐 아니라 조리도구를 고를 때도 늘 여러 가지 제품을 비교합니다. 가격이 싸다고 성능이나 기능을 포기하면 곧바로 망가지거나 하고 싶은 일을 할 수 없게 되어, 결국 생각했던 것보다 더 비싼 것을 다시 사게 됩니다. 그래서 되도록 처음부터 좋은 것을 사려고 합니다. 에스프레소 머신(P.146 오른쪽 위)은 20대 초반, 이탈리아에 갔을 때 조리도구 가게에서 한눈에 반해 벼르다가 몇 년 전에 겨우 구입했습니다. 매뉴얼식이라 요령과 숙달이 필요해서 쓰기가 까다롭지만 커피를 뽑는 일이 정말 즐겁습니다. 커피 그라인더(P.146 왼쪽)도 이탈리아 제품을 쓰고 있습니다. 바이타믹스 믹서(P.147 오른쪽 위)는 매우 비싸지만 이것이 없으면 만들 수 없는 음료가 많습니다. 평상시에 스무디나 너트밀크를 만들 때도 잘 쓰고 있습니다. 좋은 조리도구, 특히 믹서를 살 계획이라면 먼저 바이타믹스를 검토해보시길 권합니다. 부엌칼은 어느 브랜드든 상관없는데 잘 썰리는 게 중요합니다. 조심해서 쓰게 되니까 손가락을 다치는 일도 없고, 불필요하게 힘주지 않아도 되어 손목에 무리가 가지 않습니다.

• 요리

그대로 따라하면 엄마가 해주시던 바로 그 맛
한복선의 엄마의 밥상

일상 반찬, 찌개와 국, 별미 요리, 한 그릇 요리, 김치 등 웬만한 요리 레시피는 다 들어 있어 기본 요리실력 다지기부터 매일 밥상 차리기까지 이 책 한 권이면 충분하다. 누구든지 그대로 따라 하기만 하면 엄마가 해 주시던 바로 그 맛을 낼 수 있다.

한복선 지음 | 312쪽 | 188×245mm | 16,000원

기초부터 응용까지 이 책 한권이면 끝!
한복선의 친절한 요리책

요리 초보자를 위해 대한민국 최고의 요리전문가 한복선 선생님이 나섰다. 칼 잡는 법부터 재료 손질, 맛내기까지 친정엄마처럼 꼼꼼하고 친절하게 알려주는 이 책에는 국, 찌개, 반찬, 한 그릇 요리 등 대표 가정요리 221가지 레시피가 들어 있다.

한복선 지음 | 308쪽 | 188×254mm | 15,000원

내 몸에 약이 되는 우리 음식
우리몸엔 죽이 좋다

맛있고 몸에 좋은 건강죽을 담은 책. 우리 음식의 대가 한복선 요리연구가가 오랜 노하우를 담아 전통 죽은 물론, 현대인에게 필요한 영양죽, 약재를 넣어 건강을 되찾아주는 약죽 등을 소개한다.

한복선 지음 | 152쪽 | 210×265mm | 12,000원

먹을수록 건강해지는 우리 음식
나물이 좋다

기본 나물부터 향토 나물까지 다양한 나물 레시피 78가지를 담았다. 생채와 겉절이, 살짝 데쳐 무치는 무침나물, 양념해 볶는 볶음나물, 나물로 만드는 별미요리 등이 있다. 사계절 제철 나물과 고르기, 손질 요령 등도 정리했다.

리스컴 편집부 | 136쪽 | 210×265mm | 9,800원

지금 바로 쉽게 따라 할 수 있는 레시피
오늘요리

이것저것 갖춰 먹기 쉽지 않은 바쁜 현대인들을 위한 요리책. 각종 미디어에 레시피를 제공하고 요리 칼럼을 연재한 저자가 실생활에서 자주 해 먹는 요리들을 담아내 더욱 믿음이 간다. 간단하고 실용적인 레시피로 매 끼니 힘들이지 않고 식탁을 차려보자.

김경미 지음 | 216쪽 | 188×245mm | 13,000원

바쁜 직장인에게 꼭 맞춘 일주일 식단
매일매일 맛있는 집밥

일 년 동안 먹을 수 있는 370여 가지 요리가 담겨 있다. 월별로 파트를 나누어 봄·여름·가을·겨울에 어울리는 제철 식품으로 만든 다양한 요리를 소개한다. 요일별로 아침, 저녁 식단이 있어 반찬 걱정 없이 고른 영양 섭취를 할 수 있다.

손성희 지음 | 288쪽 | 210×265mm | 14,000원

우리 식탁엔 우리 음식
일주일 밑반찬 사계절 장아찌

주부들의 반찬 고민을 덜어주는 밑반찬 요리책. 장조림, 마른반찬, 깻잎장아찌 등 대표 밑반찬과 슬로푸드 장아찌, 새콤달콤한 피클, 입맛 살리는 젓갈 75가지가 담겨 있다. 만들기 쉽고, 전통의 맛을 살린 레시피가 가득하다.

최승주 지음 | 144쪽 | 210×265mm | 9,800원

5천만의 외식 메뉴
양향자의 중국요리

가족 외식으로, 손님상 요리로 최고인 중국요리를 집에서 쉽고 맛있게 즐길 수 있도록 돕는 요리책. 아이들 좋아하는 짜장면과 탕수육은 물론 손님상 요리, 면 요리와 밥 요리, 후식과 간식. 중국 가정식, 퓨전 중국요리까지 다양한 요리가 가득하다.

양향자 지음 | 200쪽 | 210×275mm | 13,000원

간편한 도시락은 다 모였다!
김밥·주먹밥·샌드위치

만들기 쉽고, 먹기 편한 도시락 메뉴 78가지를 소개한 책. 김밥, 주먹밥, 초밥, 캘리포니아 롤, 샌드위치 등이 모두 들어 있다. 밥 짓기, 양념하기, 김밥 말기, 배합초 버무리기 등 기초 테크닉도 꼼꼼하게 알려준다.

최승주 지음 | 136쪽 | 180×230mm | 10,000원

롤 전문 레스토랑 셰프들의 비법 따라잡기
캘리포니아 롤 & 스시

김밥이나 주먹밥을 만드는 것처럼 롤과 스시도 집에서 손쉽게 만들 수 있을 뿐만 아니라, 재료와 소스의 조합에 따라 다양한 스타일을 즐길 수 있다. 기본 롤부터 스페셜 롤, 전문점의 롤과 스시까지 다양한 레시피 56가지를 담았다.

리스컴 편집부 | 152쪽 | 190×245mm | 12,000원

가볍게 만들어 분위기 있게 즐기자
오늘은 샌드위치

초보자들도 쉽게 만들 수 있는 메뉴부터 전문점 못지
않은 럭셔리한 종류까지 66가지의 다양한 샌드위치를
소개한 책. 기본 샌드위치, 스페셜 샌드위치, 토스트 &
핫 샌드위치, 버거 & 랩 샌드위치, 전문점 인기 샌드위
치 등으로 파트를 나누어 입맛에 따라 선택할 수 있다.

안영숙 지음 | 128쪽 | 180×230mm | 10,000원

빠르고 간단하게, 영양 많고 맛있게
Everyday 달걀

누구나 쉽게 만들어 건강하게 즐기는 달걀 레시피. 밥
반찬부터 일품요리, 샐러드, 디저트, 음료까지 다양한
달걀요리를 담았다. 완전식품 달걀을 준비해 간단한
아침식사로, 건강을 위한 웰빙식으로, 날씬한 몸매를
가꾸는 다이어트식으로, 후다닥 준비하는 간식으로
멋지게 즐겨보자.

손성희 지음 | 136쪽 | 190×245mm | 10,000원

내 몸을 건강하게 하는 1주일 디톡스 프로그램
프레시 주스 & 그린 스무디

신선한 과일과 채소로 만든 66가지 주스 레시피를 담
은 책. 주스뿐만 아니라 재료의 영양이 살아있는 스무
디, 원기를 충전해주는 부스터 샷까지 있어 건강과 맛
을 동시에 챙길 수 있다.

펀 그린 지음 | 이지은 옮김 | 164쪽 | 170×230mm | 12,000원

내 몸 상태에 따라 마시는 건강주스
몸에 좋은 과일·야채주스

몸에 좋은 건강 음료 140여 가지를 소개한 책. 비타민
과 미네랄, 섬유질이 풍부한 생야채 녹즙부터 각종 유
기산과 비타민 C가 풍부한 과일주스, 단백질과 불포화
지방산, 비타민 B1·B2와 미네랄이 풍부한 곡물음료,
신경 안정과 질병 개선을 돕는 한방차 만드는 방법을
알려준다.

김경분 지음 | 136쪽 | 190×255mm | 9,800원

천연 효모가 살아있는 건강 빵
천연발효빵

맛있고 몸에 좋은 천연발효빵을 소개한 책. 단순한 홈
베이킹의 수준을 넘어 건강한 빵을 찾는 웰빙족을 위
해 과일, 채소, 곡물 등으로 만드는 천연 발효종 20가
지와 천연 발효종으로 굽는 건강빵 레시피 62가지를
담았다.

고상진 지음 | 200쪽 | 210×275mm | 13,000원

바쁜 사람도, 초보자도 누구나 쉽게 만든다
무반죽 원 볼 베이킹

누구나 쉽게 맛있고 건강한 빵을 만들 수 있도록 돕는
책. 61가지 무반죽 레시피와 전문가의 Plus Tip을 담았
다. 이제 힘든 반죽 과정 없이 볼과 주걱만 있어도 집
에서 간편하게 빵을 구울 수 있다. 초보자에게도, 바쁜
사람에게도 안성맞춤이다.

고상진 지음 | 200쪽 | 188×245mm | 14,000원

미니오븐으로 시작하는
쿠키·빵·케이크

초보자를 위한 미니오븐 베이킹 레시피 50가지. 바삭
한 쿠키와 담백한 스콘, 다양한 머핀과 파운드케이크,
폼 나는 케이크와 타르트, 누구나 좋아하는 인기 빵까
지 모두 담겨 있다. 베이킹을 처음 시작하는 사람에게
안성맞춤이다.

고상진 지음 | 144쪽 | 210×256mm | 12,000원

최고의 브런치 카페에서 추천한 인기 메뉴 57가지
잇 스타일 브런치

대표 브런치 카페와 인기 브런치 레시피를 알려주는
카페 가이드북 겸 요리책. 브런치를 유행시킨 '수지스'
를 비롯해 유명 스타들의 단골 레스토랑 '다이닝텐트',
효자동의 '카페 고희' 등의 자세한 소개와 사진이 담겨
있다.

리스컴 편집부 | 180쪽 | 180×260mm | 11,000원

손님상에, 도시락에… 센스를 뽐내세요
과일 예쁘게 깎기

30여 가지의 과일과 채소를 예쁘고 먹기 좋게 깎을 수
있도록 소개한 책. 꽃·동물·나뭇잎 모양 등 60여 가지
의 다양한 깎기와 모양내기 방법을 과정 사진과 함께
자세히 알려준다. 과일음료, 과일잼, 과일주 등 응용 요
리도 담겨 있다.

구본길 지음 | 144쪽 | 190×230mm | 9,800원

알면 알수록 특별한 술
와인 & 스피릿

포도 품종과 지역별 특징, 고르는 법, 라벨 읽는 법, 마
시는 법까지 와인의 모든 것을 자세히 알려주는 지침
서. 소믈리에가 추천한 100가지 와인 리스트는 초보자
도 와인을 성공적으로 고를 수 있도록 도와준다. 비즈
니스에서 빼놓을 수 없는 양주에 대해서도 알려준다.

김일호 지음 | 216쪽 | 152×225mm | 12,000원

• 여행 | 에세이

제주에서 만난 길, 바다, 그리고 나
나 홀로 제주
혼자 떠난 제주에서 만난 관광지, 맛집, 카페, 숙소 등을 소개한 책. 제주를 북서부, 북동부, 남동부, 남서부 네 개 지역으로 나눠 자세히 소개하고, 혼자 여행을 떠난 사람들이 알아두면 좋을 팁과 플리마켓, 오일장 등의 정보도 담았다.
장은정 지음 | 296쪽 | 138×188mm | 13,000원

현지인이 알려주는 싱가포르의 또 다른 모습들
지금 우리, 싱가포르
싱가포르는 작지만 멋진 풍경과 먹을거리, 즐길 거리 등이 풍성한 매력적인 여행지다. 이 책은 4년간의 싱가포르 생활을 통해 쌓은, 살아있는 정보들을 알려주는 여행 책이다. 유명 여행지는 물론 현지인만 아는 숨은 명소, 경험으로 얻은 꿀팁 등을 담았다.
최설희 글, 장요한 사진 | 276쪽 | 138×188mm | 13,500원

우근철 위로 에세이
그래도 괜찮아
100여 장의 사진과 70여 개의 이야기로 험난한 시대를 사는 청춘들에게 따뜻한 공감을 선물하는 사진 에세이. 초청 개인전을 열 정도로 뛰어난 사진 실력을 갖춘 작가의 사진과 페이스북에서 수많은 사람들의 사랑을 받은 글이 이 책의 가치를 더욱 높여준다.
우근철 지음 | 200쪽 | 138×190mm | 13,000원

낯선 도시로 떠나 진짜 인생을 찾는 이야기
내가 누구든, 어디에 있든
낯선 도시 뉴욕에서 꿈을 살다 온 청춘의 이야기. 꿈, 희망, 행복, 친구, 여행 등을 담아낸 73개의 담백한 에피소드와 다양한 그림, 사진을 실었다. 이 책의 모든 그림들은 뉴욕에서 아트북을 출간할 정도로 감각적인 실력을 갖춘 김나래 작가가 직접 그렸다.
김나래 지음 | 240쪽 | 138×188mm | 13,000원

꿈꾸는 청춘을 위한 공감 에세이
지금 여기, 그리고 나
오늘이 힘겹고 내일이 불안한 청춘에게 위로와 용기를 주는 그림 에세이. 지친 마음을 따뜻하게 다독이며, 스스로를 믿고 앞으로 나아가라고 말한다. 위로, 용기, 꿈, 시작 네 가지 주제를 담고, 모든 글에 감성적인 일러스트를 함께 실어 공감이 배가된다.
김나래 지음 | 192쪽 | 138×188mm | 13,000원

• 인테리어 | DIY

쉬운 재단, 멋진 스타일
내추럴 스타일 원피스
직접 만들어 예쁘게 입는 27가지 스타일 원피스. 모든 원피스마다 단계별, 부위별로 자세한 과정을 일러스트로 설명해준다. S, M, L 사이즈로 나뉜 실물 크기 패턴도 함께 수록되어 있어 재봉틀을 처음 배우는 초보자라도 뚝딱 만들 수 있다.
부티크 지음 | 112쪽 | 210×256mm | 10,000원

트러블·잡티·잔주름 없는 명품 피부의 비결
홈메이드 천연화장품 만들기
피부를 건강하고 아름답게 만들어주는 홈메이드 천연화장품 레시피 북. 클렌저, 로션, 세럼, 팩, 보디 케어 제품, 비누, 목욕용품 등 고급스럽고 내추럴한 천연화장품 35가지가 담겨 있다. 단계별 사진과 함께 자세히 설명되어 있어 누구나 쉽게 만들 수 있다.
카렌 길버트 지음 | 152쪽 | 190×245mm | 13,000원

집 구하기부터 배치, 수납, 인테리어까지
한 권으로 끝내는 신혼 인테리어
집 구하기부터 공간 배치, 수납, 가구 고르기, 인테리어 장식에 이르기까지 신혼집 인테리어의 모든 것을 알려주는 책. 남다른 감각이나 특별한 기술이 없어도 이 책에서 가르쳐주는 각 테마별 가이드라인을 하나하나 따라가다 보면 전체적으로 정돈된 멋진 인테리어가 완성된다.
카와카미 유키 지음 | 234쪽 | 153×214mm | 13,000원

작은공간을두배로늘려주는
정리와 수납 아이디어 343
'낡은 공간'을 활용하여 정리와 수납을 완성하도록 도와주는 책. 이 책에는 수납 전문가들의 노하우가 한가득 담겨있다. 기발한 아이디어를 사진으로 만나볼 수 있다. 다양한 사례를 접하다 보면 깔끔하게 정리하는 기술이 점점 눈에 들어올 것이다.
오렌지페이지 지음 | 128쪽 | 210×275mm | 10,000원

수납부터 가구배치까지… 인테리어 아이디어 50
좁은 집 넓게 쓰는 정리의 기술
좁은 집, 좁은 방을 좀 더 넓게 쓰고 싶은 사람을 위한 책. 싱글남녀, 신혼부부, 원룸족 등 수많은 사람들의 라이프 스타일을 바탕으로 집 안을 넓고 예쁘게 바꾸는 방법 50가지를 제안한다. 문제점과 해결책을 그림으로 한눈에 보여줘 쉽게 따라 할 수 있다.
가와카미 유키 지음 | 136쪽 | 170×220mm×11,200원

• 건강

하루 15분
필라테스 홈트
필라테스는 자세 교정과 다이어트 효과가 매우 큰 신체 단련 운동이다. 이 책은 전문 스튜디오에 나가지 않고도 집에서 얼마든지 필라테스를 쉽게 배울 수 있는 방법을 알려준다. 난이도에 따라 15분, 30분, 50분 프로그램으로 구성해 누구나 부담 없이 시작할 수 있다.

박서희 지음 | 128쪽 | 215×290mm | 11,200원

아침 5분, 저녁 10분
스트레칭이면 충분하다
몸은 튼튼하게 몸매는 탄력있게 가꿀 수 있는 스트레칭 동작을 담은 책. 아침 5분, 저녁 10분이라도 꾸준히 스트레칭하면 하루하루가 몰라보게 달라질 것이다아침저녁 동작은 5분을 기본으로 구성, 좀 더 체계적인 스트레칭 동작을 위해 10분, 20분 과정도 소개했다.

박서희 지음 | 88쪽 | 215×290mm | 8,000원

아기는 건강하게, 엄마는 날씬하게
소피아의 임산부 요가
임산부의 건강과 몸매 유지를 위해 슈퍼모델이자 요가 트레이너인 박서희가 제안하는 맞춤 요가 프로그램. 임신 개월 수에 맞춰 필요한 동작을 사진과 함께 자세히 소개하고, 통증을 완화하는 요가, 남편과 함께 하는 커플 요가, 회복을 돕는 산후 요가 등도 담았다.

박서희 지음 | 176쪽 | 170×220mm | 12,000원

걷는 만큼 빠진다
워킹다이어트
슈퍼모델이자 퍼스널 트레이너인 김사라가 제안하는 걷기 다이어트 프로그램. 준비부터 기본자세, 운동 전후의 관리 등 걷기 다이어트의 모든 것을 알려준다. 전국의 걷기 좋은 곳도 소개되어 있다.

김사라 지음 | 136쪽 | 182×235mm | 12,000원

꼭 알아야 할 치료법과 생활관리법, 환자 돌보기
파킨슨병 이렇게 하면 낫는다
파킨슨병을 앓는 환자들도 삶을 즐길 수 있도록 치료와 생활습관 개선 등을 담은 책. 다양한 증상을 종합해서 알기 쉽게 정리했고, 환자들이 먹어야 하는 약뿐만 아니라 치료에 도움이 되는 운동요법, 환자의 자립을 돕는 생활습관, 가족들이 알아야 할 유용한 팁 등 파킨슨 환자들에게 도움이 되는 정보를 담았다.

사쿠나 마나부 감수 | 160쪽 | 182×235mm | 12,000원

• 육아 | 자녀교육

산부인과 의사가 들려주는 임신 출산 육아의 모든 것
똑똑하고 건강한 첫 임신 출산 육아
임신 전 계획부터 산후조리까지 현대를 살아가는 임신부를 위한 똑똑한 임신 출산 육아 교과서. 20년 산부인과 전문의가 인터넷 상담, 방송 출연 등을 통해 알게 된, 임신부들이 가장 궁금해하는 것과 꼭 알아야 것들을 알려준다.

김건오 지음 | 352쪽 | 190×250mm | 17,000원

언제 어디서나 갖고 다니며 펼쳐보는
임신 출산 핸디북
가방 속에 갖고 다니면서 볼 수 있는 작은 크기의 임신 가이드북. 임신 준비부터 출산 직후까지 8개 챕터로 나누어 임신부가 알아야 할 기본 상식을 차근차근 알려준다.

사라 조던·데이비드 우프버그 지음 | 서예진 옮김 | 240쪽 | 140×185mm | 12,000원

초보 엄마가 꼭 알아야 할 육아 매뉴얼
사진으로 한눈에 익히는 0~12개월 아기 돌보기
초보 엄마 아빠에게 꼭 필요한 육아 가이드북. 출생 후 12개월까지 안아주기, 수유하기, 기저귀 갈기, 달래기, 목욕시키기 등 아이 돌보기의 모든 것이 풍부한 사진과 함께 상세히 설명되어 있어 쉽게 따라 할 수 있다.

프랜시스 윌리엄스 지음 | 112쪽 | 190×260mm | 10,000원

엄마와 아기가 함께 하는 사랑의 스킨십
튼튼~ 쑥쑥~ 아기 마사지
전문가에게 직접 마사지를 받지 않아도 집에서 엄마의 손길로 해줄 수 있는 마사지 방법이 모두 소개되어 있다. 아기 몸의 특징, 베이비 마사지의 효과와 방법, 소화불량·식욕부진·변비 해소 등 아기의 다양한 증상별 마사지법이 담겨 있다.

야마다 미츠토시 지음 | 136쪽 | 140×185mm | 9,800원

독서와 질문으로 생각하는 힘 키우기
하브루타 창의력 수업
교육 1번지 대치도서관 관장이 경험을 바탕으로 유대인의 교육법인 하브루타와 독서를 접목한 '하브루타 독서법'을 소개한다. 함께 책을 읽고 질문하고 토론함으로써 아이들의 사고력과 창의력을 키우는 기적의 독서법이다. 가정에서 부모가 아이와 함께 진행할 수 있도록 상세한 방법과 사례를 담았다.

유순덕 지음 | 216쪽 | 152×223mm | 13,000원

유익한 정보와 다양한 이벤트가 있는
리스컴 블로그로 놀러 오세요!

홈페이지 www.leescom.com
리스컴 블로그 blog.naver.com/leescomm
페이스북 facebook.com/leescombook

나와 지구를 위한 조금 다른 식탁

베지테리언 레시피

지은이 | 타카시마 료야
번역 | 호리에 마사코

편집 | 김연주 이희진
디자인 | 양혜민
마케팅 | 김종선 이진목 추윤영
경영관리 | 강미선

인쇄 | 금강인쇄

초판 1쇄 | 2018년 7월 25일
초판 2쇄 | 2018년 10월 10일

펴낸이 | 이진희
펴낸 곳 | (주)리스컴

주소 | 서울시 강남구 광평로 295, 사이룩스 서관 1302호
전화번호 | 대표번호 02-540-5192
            영업부 02-540-5193 / 544-5922
            편집부 02-544-5933, 5944

FAX | 02-540-5194
등록번호 | 제 2 3340

ISBN 979-11-5616-152-3 13590
책값은 뒤표지에 있습니다.